哲学与人生

主　编　王绪永　邵泽平
副主编　孙艳红　刘　岳
参　编　于　婕　张艳秋　胡晓晴
　　　　张锦华　李　靖

北京理工大学出版社
BEIJING INSTITUTE OF TECHNOLOGY PRESS

版权专有　侵权必究

图书在版编目（CIP）数据

哲学与人生/王绪永，邵泽平主编.—北京：北京理工大学出版社，2019.1重印
ISBN 978-7-5682-3772-7

Ⅰ.①哲…　Ⅱ.①王…　②邵…　Ⅲ.①人生哲学－中等专业学校－教材　Ⅳ.①B821

中国版本图书馆CIP数据核字（2017）第042193号

出版发行 / 北京理工大学出版社有限责任公司
社　　址 / 北京市海淀区中关村南大街5号
邮　　编 / 100081
电　　话 / (010) 68914775（总编室）
　　　　　 (010) 82562903（教材售后服务热线）
　　　　　 (010) 68948351（其他图书服务热线）
网　　址 / http：//www.bitpress.com.cn
经　　销 / 全国各地新华书店
印　　刷 / 定州启航印刷有限公司
开　　本 / 710毫米×1000毫米　1/16
印　　张 / 9.5　　　　　　　　　　　　　　　　责任编辑 / 张荣君
字　　数 / 142千字　　　　　　　　　　　　　　 文案编辑 / 张荣君
版　　次 / 2019年1月第1版第3次印刷　　　　　 责任校对 / 周瑞红
定　　价 / 27.00元　　　　　　　　　　　　　　 责任印制 / 边心超

图书出现印装质量问题，请拨打售后服务热线，本社负责调换

前言 Preface

《哲学与人生》是中等职业学校学生必修的一门德育课程。本课程以邓小平理论和"三个代表"重要思想为指导，深入贯彻落实科学发展观，对学生进行马克思主义哲学基本观点和方法及如何做人的教育。其任务是帮助学生学习运用辩证唯物主义和历史唯物主义的观点和方法，正确看待自然、社会的发展，正确认识和处理人生发展中的基本问题，树立和追求崇高理想，逐步形成正确的世界观、人生观和价值观。

本教材在编写过程中，主要坚持以下原则：

坚持正确的价值导向。以中国特色社会主义理论体系为指导，把握社会主义教育方向，弘扬社会主义核心价值观，增强主流意识形态话语权，把帮助学生树立正确的世界观、人生观和价值观贯穿始终。

坚持知、信、用相统一。使学生掌握与人生成长关系密切的马克思主义哲学的基础知识，帮助学生把做人的基本道理内化为自己的信念，引导学生既提高哲学素养，又提高道德品质，成为有益于社会的人。

贴近学生、贴近职业、贴近社会。紧密联系社会生活实际和学生成长的实际，遵循职业学校学生身心发展的特点和规律，体现以就业为导向的职业教育理念，加强针对性、实效性和时代感，把知识传授与思想教育紧密结合，强化哲学基本观点在人生成长问题中的运用，讲究实际效果，避免空洞说教。

通过本课程的学习，学生将了解马克思主义哲学中与人生发展关系密切的基础知识，提高用马克思主义哲学的基本观点、方法分析和解决人生发展重要问题的能力，学会进行正确的价值判断和行为选择，形成积极向上的人生态度，为人生的健康发展奠定思想基础。

目录 Contents

绪 论

第一单元 坚持从客观实际出发 脚踏实地走好人生路

第一课 客观实际与人生选择……………………………………6
第二课 物质运动与人生行动……………………………………13
第三课 自觉能动与自强不息……………………………………20

第二单元 用辩证的观点看问题 树立积极的人生态度

第四课 普遍联系与人际和谐……………………………………31
第五课 发展变化与顺境逆境……………………………………40
第六课 矛盾观点与人生动力……………………………………52

第三单元 坚持知行统一的观点 提高人生发展的能力

第七课 知行统一与体验成功……………………………………62
第八课 现象本质与明辨是非……………………………………74
第九课 科学思维与创新能力……………………………………81

目录

第四单元　顺应历史发展趋势　树立崇高的人生理想

第十课　历史规律与人生目标..94
第十一课　社会理想与个人理想..104
第十二课　理想信念与意志责任..112

第五单元　在社会中发展自我　积极创造人生价值

第十三课　人的本质与利己利他..123
第十四课　人生价值与劳动奉献..130
第十五课　全面发展与个性自由..136

参考文献

绪 论

被誉为"中国导弹之父"的科学界泰斗钱学森生前带研究生时，一开始不上专业课，而是让学生先学习《自然辩证法》《关于费尔巴哈的提纲》《矛盾沦》等马克思主义哲学著作，经考试合格后，才开始学习专业课。如果成绩不及格，那么专业课就直接取消。

你认为这样的做法是否有点过呢？难道《哲学》这门课程真的就这么重要？

一、人生航船需要哲学沐浴

古代类人猿进化成人，标志着地球上出现了人类；人类创造了文字，标志着文明时代的开端。从此，我们人类历史的记录方式开始由口口相传逐渐向文字记载转变，五彩斑斓的社会画卷才得以一一铺陈在我们面前。伴随着时间长河的流淌，人类通过文字方式记录的知识与经验无疑越来越多，今天大致将其分为以下三类：自然科学、社会科学及哲学。

讨 论

举例说明哲学与具体学科的区别

自然科学的具体学科包括：语言学、数学、物理学、化学等。

社会科学的具体学科包括：法学、历史学、政治学、文学等。

| 绪 论 |

> （1）试分析自然科学与社会科学的区别。
> （2）你还可以列举一些具体学科名称吗？

与具体学科有着根本区别的哲学，研究的是关于自然知识、社会知识以及思维知识的概括和总结。哲学是一门特殊的学问，在汉语中，"哲"是"聪明"的意思。在古希腊语中，"哲学"一词来源于苏格拉底创立的单词philosophia，即"爱智慧"。因此，仅就字面意义而言，哲学是一门使人聪明、启发智慧的学问。然而，这远不足以说明哲学的实质。哲学是始终与人们的世界观联系在一起的，是人们世界观的理论表现形态，也就是说，哲学是理论化、系统化的世界观。

世界观就是个人对这个世界的根本的观点或者看法，已经区别于我们平常的、一般的意见或者主张，并非人人都有的。而哲学则需要再上升到一个层次和水平，需要形成理论的、系统的世界观，如此方称之为哲学。

当人们形成了一定的世界观之后，必然要用这些观点来解释一些现象、处理一些问题，进而使世界观成为人们观察、思考和指导、解决各种问题的基本原则，也就是我们通常所说的方法论，落实到生活中就是一定的思想方法和工作方法。因此，我们还可以说哲学是世界观和方法论的统一。

二、哲学原理指引人生航向

我们在这里所说的学哲学，是指古今中外一切有价值的哲学思想、原理、观点等。哲学的流派也很多，学习过程中要做到"古为今用、洋为中用"，大胆借鉴一切哲学原理中优秀的、积极的思想成分，尤其包括如马克思、恩格斯、黑格尔、费尔巴哈、欧文、孔子甚至佛教、基督教等众多大家、流派的主要思想、理论、观点等，博采众长，用以指导人生。

名人名句

> 哲学家们只是用不同的方式解释世界，而问题在于改变世界。
> ——马克思
>
> 人法地，地法天，天法道，道法自然。 ——老子
>
> 人是生而自由的，但却无往而不在枷锁之中。自以为是其他一切的主人，反而比其他一切更是奴隶。 ——卢梭

恩格斯在总结哲学史的基础上明确指出："全部哲学，特别是近代哲学思维的重大基本问题，是思维和存在的关系问题。"而且这也是任何哲学体系都不能回避且必须按照自己的方式作出回答的问题。具体包括两个方面：第一，思维和存在谁是第一性的问题，这就是通常所说的本体论，它是划分哲学基本派别的前提和基础，更是唯一标准；第二，思维和存在有无同一性的问题，也就是我们通常所说的认识论。

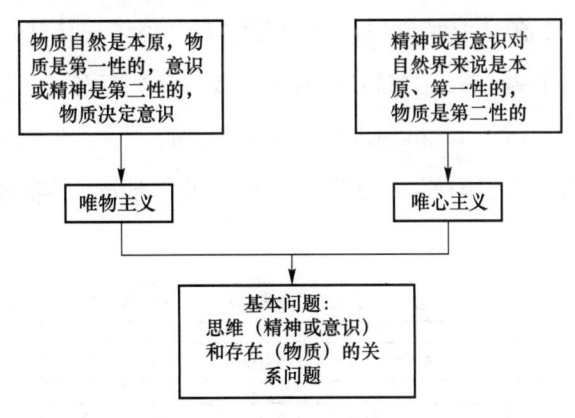

唯物主义、唯心主义的划分

根据对本体论问题的不同回答，人们将哲学分为唯物主义和唯心主义两大基本派别，且两者之间不存在任何的第三种情形，即世界的本原只有一个。根据对认识论的不同理解，哲学史上一般称其为可知论与不可知论。

案例：诺贝尔奖三人分享

（1）美德3人分享2014年诺贝尔化学奖

（2）《新周刊》"中国电视榜"在北京揭晓。其中，最佳电视节目首曝"双黄蛋"，由湖南卫视《爸爸去哪儿》和央视《开奖啦》共同获得

绪 论

讨 论

试对比分析上述事例与世界本原问题的不同。

关于对世界本原问题的回答,历来就有较大分歧。

(1)凡是认为世界的本原只有一个,或物质、或精神的,都称之为一元论,比如唯物主义一元论认为世界的本原是物质,唯心主义一元论认为世界的本原是精神。

(2)凡是认为世界的本原有两个,即物质和精神都是世界本原的,我们称之为二元论。很明显,这是一种折中主义,乃中庸之道,其最终的结局必然是掉进唯心主义的泥潭。

除了上述两种情形之外,不存在任何第三种情形。

下面让我们一起来了解一下唯物主义哲学吧!

本课程《哲学与人生》主要介绍唯物主义派别——马克思主义哲学的基本观点、原理等,使学生在学习结束后能够对哲学有个整体性认知,强调原著原文论述;与之对应、相辅相成的人生部分则力戒说教、多举实例,注重原理之于实际问题、身边问题的指导与运用,再现理论联系实际。每一课教学内容之后设置"活动建议"版块,以突出本课程教学的实践性特征。正文部分总体框架采用总分结构,具体内容安排如下:

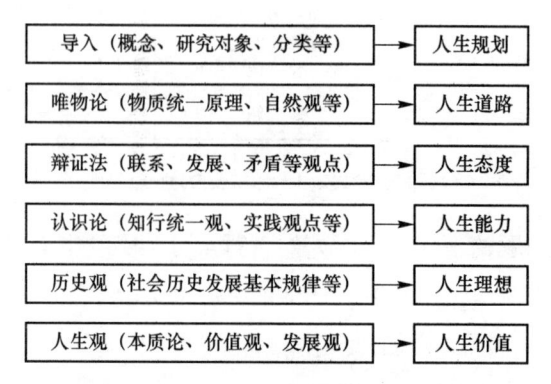

导入(概念、研究对象、分类等)	人生规划
唯物论(物质统一原理、自然观等)	人生道路
辩证法(联系、发展、矛盾等观点)	人生态度
认识论(知行统一观、实践观点等)	人生能力
历史观(社会历史发展基本规律等)	人生理想
人生观(本质论、价值观、发展观)	人生价值

人生就是一次无法重来的选择,只有单程票、没有返程票,每一天都是现场直播。人生之路要走好走对,就必须方向正确。既要埋头干活,又要抬头看路,否则很容易造成"南辕北辙"的再版。人生需要思考、反省,"日省吾身"。反省正是

哲学所特有的一种思维方式，体现的是一种反思的智慧。人生处处有哲学，我们不仅要"知其然"，还要"知其所以然"。学哲学启迪人生，使你终身受益。

【活动建议】

分小组网络检索下列世界三大哲学的不同流派及哲学大家的主要观点等信息，制作一份简表并在班级内交流。例表如下，可参见资源库。

类别	主要流派	代表人物	基本观点	经典作品	备注
西方哲学	古希腊罗马哲学				
	中世纪哲学				
	近代哲学				
古印度哲学					
中国哲学					

第一单元　坚持从客观实际出发 脚踏实地走好人生路

西天取经　路在脚下

一场战斗，旗帜就是方向；一段人生，如何确定方向？中国特色社会主义建设之路又该如何确立？对此，马克思主义哲学的唯物论原理给予了正确的理论指引。首先必须找准立足点、站稳脚跟，坚持一切从实际出发，用科学理论指导人生选择，把遵循客观规律和发挥主观能动性相结合，积极展开人生行动，走出一条适合自己的人生阳关大道。此理与社会发展异曲同工。

第一课　客观实际与人生选择

还记得当年中考填报志愿时的那份纠结吗？似乎人人都有点刻骨铭心的感觉。成绩不理想，就算选择普通高中，估计三年后也很难达到理想目标；选择职业教育，由于对它的不熟悉导致犹豫不决甚至排斥。这就好比是站在了道路的十字路口——其实就是人生之路的十字路口，方向何在？今后的我将何去何从？

现在入学已经一年多了，坐在职校教室里，请大家相互交流一下你选择职业教育或者所学专业的理由是什么。能分析出这一人生选择的哲学依据吗？

一、客观实际是人生选择的前提和基础

1. 客观实际的主要构成

> **小故事**
>
> 1950年6月的一天，美国华盛顿，一个名叫钱学森的中国人的造访，让当时的美国国防部海军次长金贝尔陷入了不安。钱学森刚一离开办公室，他立即拨通司法部的电话：决不能放走钱学森，他知道的太多了，我宁可把这家伙枪毙了，也不让他离开美国，因为无论在哪里，他都抵得上五个师。1955年，钱学森历尽艰辛回到了祖国。

要想在纷繁复杂的大千世界中做出适合自己的人生道路选择，就必须从自身的客观实际进行分析。人生的客观实际首先是指人生所处的特定的社会历史条件。人不是纯粹的自然物，不是单纯的生物学意义上的人，而是活生生的、现实的人。具体的人总是生活在一定的社会关系之中，即社会的人。

> **原著原文**
>
> 我们并不总是能够选择我们自认为合适的职业；我们在社会上的关系，还在我们有能力对它们起决定性影响以前，就已经在某种程度上开始确定了。
>
> ——马克思《青年在选择职业时的考虑》

其次，人生的客观实际还包括个人的主、客观因素。比如自己的身体健康状况、家庭经济条件以及学习基础等客观因素，还有个人的兴趣、性格、能力以及心理素质等因素。

另外，人生的客观实际还指个人在人生不同时期所具有的不同情况。比如，入学之初考虑的是专业选择，而毕业之前面临的则是就业选择，两者截然不同。

名人名句

> 吾十有五而志于学，三十而立，四十而不惑，五十而知天命，六十而耳顺，七十而从心所欲，不逾矩。
> ——孔子

2. 人生选择的哲学依据

名人名句

> 正像达尔文发现有机界的发展规律一样，马克思发现了人类历史的发展规律，即历来为繁茂芜杂的意识形态所掩盖着的一个简单事实：人们必须首先吃、喝、住、穿，然后才能从事政治、科学、艺术、宗教，等等。
> ——恩格斯

生存是人类活动的最基本前提。"皮之不存，毛将焉附"，人类只有在大自然的环境下适应并生存下来之后，方能进行发展即改造自然的活动。而人类生存的环境是在不断变化的，包括我们的校园学习环境。

人类原始社会生活状态　　　　　　　　体验原始生活

第一课　客观实际与人生选择

自然科学证明，地球早在45亿年前就已形成，但是原始地球只存在无生命的物质，没有生命，没有人类，也没有意识。只是到了距今200万～300万年前，人猿揖别，地球上才出现了人类。

原著原文

首先是劳动，然后是语言和劳动一起，成了两个最主要的推动力，在它们的影响下，猿的脑髓就逐渐地变成人的脑髓。

——《马克思恩格斯选集》第3卷，人民出版社1972年版第512页

由此可见，我们生活的这个世界（自然界）是实实在在的，是由许许多多的物质构成的。尽管物质的种类繁多、形式多样、成分复杂，甚至还有人类目前尚未认知的，但是，马克思主义哲学的物质观认为：客观实在性是物质的唯一特性。所以，坚持从实际出发，这就是人生选择的哲学依据。

相关链接

《圣经·旧约·创世纪》中说，上帝第一天造出了白天和黑夜，第二天造出了空气和水，第三天造出了各种各样的植物，第四天造出了日月星辰，第五天造出了水中的各种动物，第六天造出了地上的各种生物和人。天地万物都造齐了，第七天就被定为休息日。

二、选择可能性源自物质的多样与统一

知识链接

宇宙大爆炸假说理论

"大爆炸宇宙论"认为：宇宙是由一个致密炽热的奇点于137亿年前一次大爆炸后膨胀形成的。1927年，比利时天文学家和宇宙学家勒梅特首次提出了宇宙大爆炸假说。1929年，美国天文学家哈勃根据假说提出星系的红移量与星系间的距离成正比的哈勃定律，并推导出星系都在互相远离的宇宙膨胀说。

这是现代宇宙学中最有影响的一种学说。它的主要观点是宇宙曾有一段从热到冷的演化史。在这个时期里，宇宙体系在不断地膨胀，使物质密度从密到稀地演化，如同一次规模巨大的爆炸。该理论的创始人之一是伽莫夫。1946年美国物理学家伽莫夫正式提出大爆炸理论，认为宇宙由大约140亿年前发生的一次大爆炸形成。上世纪末，对超新星的观测显示，宇宙正在加速膨胀，因为宇宙可能大部分由暗能量组成。

1. 物质世界的多样性和统一性

现代科学的新发现证明，物质形态的多样性是物质世界本身演化和发展的结果，它们都有着共同的起源、共同的演化机制和共同的物质基础，即同源自物质世界本身。也就是说，这个无限多样、层次复杂的世界是多样性的统一，这种多样性和统一性的基础在于世界的物质性。马克思主义的唯物论认为：自己是自己的原因，不存在物质世界自身原因之外的任何形式的原因。这就是物质的统一性原理。

名人名句

世界上没有完全相同的树叶。

——德国哲学家 莱布尼茨

2. 人生道路选择的多种可能性

现实物质世界的多样性和人生未来道路的不确定性为选择提供了多种可能性。可能性是指现实事物所包含的预示着事物发展前途的种种趋势。人生之路的选择绝非单项、更不是无法选择，而应该是多项选择题。正所谓"一切皆有可能"。

古希腊哲学家赫拉克利特说："人不能两次踏入同一条河流。"尽管人生选择存在多种可能性，但是人生毕竟是"单程票"，每天都是"现场直播"，也不可能有"回放"的可能，因此，人生之路的每一次选择，尤其是重要的、关键的选择必须慎重。要相信世界总有一扇门为你敞开。

抢凳子游戏

通过抢凳子游戏可以看出，我们在看到选择的多种可能性的同时，还必须关注到选择的现实性。现实性是指现在的一切事物、现象的实际存在性，是已经实现了的可能性。可能性向现实性的转化需要一定的条件和基础，存在着不同程度的可能性。

相关链接

可能性与不可能性，抽象可能性与现实可能性

可能性是指在现实中存在不同程度的实现的根据和条件；不可能性是指在现实中不存在任何实现的根据和条件，因而是永远不可能实现的东西，比如石头变小鸡、制造永动机等。

现实可能性是指在现实中有充分根据，目前就可以实现的可能性；抽象可能性是指在现实中缺乏充分根据，在当前条件下还不能实现的可能性。一旦条件具备，可能性就可以转化为现实性。比如海底捞针、嫦娥奔月等。

嫦娥奔月

【活动建议】

1. 职业生涯再规划

重新审视入学第一学期完成的《职业生涯规划》，对照本人现在的情况，适当征求教师、家长、同学以及其他人士的意见，并结合文明风采大赛的具体内容作出新的校正或调整。

对修改后的作品可以进行：（1）小组分享；（2）优秀作品评选与展示；（3）推荐参加文明风采大赛。

职业规划类

主题和内容：以"我的未来我做主"为主题，引导学生树立信心，逐步培养职业意识，及早规划自己的职业生涯，内容包括职业生涯设计、创业计划、创新设计等。

形式和要求：各学校可结合职业生涯规划相关教学内容，广泛开展职业生涯设计、创新创业设计等活动，择优推荐职业生涯设计方案、创新创业设计作品给省级活动组织机构。

职业生涯设计方案和创业计划均提交电子文本。内容应贴近实际，目标明确，措施可行，相关文本字数不超过2 000字。

创新设计方案提交电子文本，说明作品构思、特点、功效等，同时附送作品实物。

2. 校园文化新创建

教育不是"一考定终身"，也不是唯分数论英雄，而是"天生我材必有用"，"人才人才、人人有才"。学校应该努力寻找每个学生的闪光点，设置诸如学习之星、体育之星、道德之星、技能之星、艺术之星、文明宿舍、创新苗子等奖项评选，从而积极营造"个个成才"的校园或者班级文化氛围。

请你就奖项设置及评选标准提出合理化建议。

3. 制作正确率曲线

以有四个选项的单项选择题为例，师生共同制作选择答案的正确率曲线图，进一步理解人生选择的多样性与统一性、可能性与现实性。

第二课　物质运动与人生行动

上世纪90年代，闽南语歌曲《爱拼才会赢》在我国蹿红，成为一首脍炙人口的华语流行歌曲。歌词中"人生可比是海上的波浪，有时起，有时落"，以及"三分天注定，七分靠打拼，爱拼才会赢"的精神激励了许多落魄和失意的人们，其歌名已成为一句鼓励人们努力向上的格言。

世间事，浮浮沉沉、起起落落，我们如果随波逐流，必将无法适应现代社会的发展潮流。唯有积极行动起来，奋力拼搏，才能成为真正的时代的弄潮儿。

一、物质运动的最高形式是人的生命

1. 运动是物质的存在方式

世界是物质的，物质是运动的。没有运动的物质与没有物质的运动都是不可思

第一单元　坚持从客观实际出发　脚踏实地走好人生路

议的。无论是宏观的宇宙还是微观的分子世界，无论是有生命的有机界还是无生命的无机界，运动无处不在，它是物质的固有属性。

名人名句

> 一切皆流，一切皆变。世界上的万事万物，就好像是川流不息的河水一样。人不能两次踏进同一条河流。
>
> ——赫拉克利特

你认为"没有运动的物质与没有物质的运动都是不可思议的"这个说法正确吗？试着列举出一个反例，那么，恭喜你，你就可以推翻这个观点了。试试看吧！

运动是物质的根本属性。运动是无条件的、绝对的，静止是有条件的、相对的。所谓动中有静、静中有动，一切事物的存在和发展都是绝对运动与相对静止的统一。

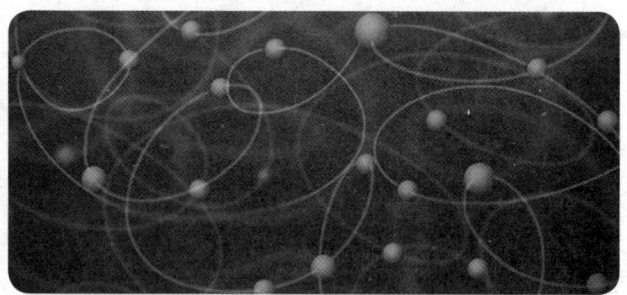

宏观世界的运动（星球间）　　微观世界的运动（原子间）

运动的方式多种多样，其形式可以概括为机械的、物理的、化学的、生物的、社会的等五种基本形式。

2. 精彩人生贵在积极行动

人的一生也是一个不断发展变化的过程。在所有的物质运动形式中，生命的运动是最高级也是最宝贵的。如何在这有限的生命中演绎出属于自己的精彩，如何让自己的人生更加充实、更有意义，是值得我们每一个人都去仔细思考的问题。

（1）精彩的人生在于行动。

事实证明，如果没有行动，一万个目标也是零。行动具有神奇的力量，只有行动才能改变你的命运。行动只会增强你的信心，而不会增加你的恐惧。丘吉尔曾说过，没有行动，就不会有任何结果。

哲理故事

有一个中年人穷困潦倒，总想着有朝一日能发大财。为此，他经常去教堂向上帝祷告。每次他都会祈求上帝："万能的上帝啊！看在我是您虔诚的子民份上，让我中一次大奖吧！阿门。"几天之后，他又无精打采地回到教堂，再跪下来祈祷："上帝啊，您为什么不让我中大奖呢？如果我能中奖，我会竭尽全力服侍您。求求您，就让我中一次奖吧！阿门。"几天之后，这名中年人再次来到教堂，重复他的祈祷。如此循环往复，直到有一天，他又跪着说："万能的上帝啊，难道您听不到我的祈求吗？就让我中一次大奖吧！只要一次就能解决我所有问题，我愿把一生奉献给您……"还没说完，就被一个庄严的声音打断："我已经听见了无数次你的祷告。可是，你最起码也应该买张彩票啊！"

（2）健康的身体在于运动。

拥有健康的身体是享受高质量人生的前提条件。人们的生活水平不断提高以及工作、生活压力不断增大，各种现代病随之而来。更由于缺乏锻炼等因素，很多年轻人的身体健康已经过早地出现了严重透支。

名人名句

流水不腐，户枢不蠹。
——韩非子

俗话说"生命在于运动"，"用进废退"。对于健康而言，说"运动是金"未尝不可。肌肉在运动中变得发达有力，骨骼在运动中变得强壮和结实。所以说，最好的保健秘方，不是灵丹妙药，而是运动。

第一单元　坚持从客观实际出发　脚踏实地走好人生路

知识链接

亚健康

亚健康是一种临界状态，处于亚健康状态的人，虽然没有明确的疾病，但却出现精神活力、适应能力和反应能力的下降，如果这种状态不能得到及时的纠正，非常容易引起身心疾病。亚健康即指非病非健康状态，这是一类次等健康状态，是处于健康与疾病之间的状态，故又有"次健康""第三状态""中间状态""游移状态""灰色状态"等称谓，我国普遍称为"亚健康状态"。

二、遵循规律是人生行动的根本保证

英国天文学家哈雷对1682年出现的彗星进行了研究和计算，指出这颗彗星是以76年左右的时间为一周期，沿着一个很扁长的椭圆轨道绕日而行。正如哈雷所言，76年后，彗星又光临了地球。这个事例说明了什么？

1. 物质运动具有客观规律

物质的运动都是有规律的。所谓规律，就是事物运动过程中固有的、本质的、必然的、稳定的联系。"实事求是"中的"是"即指事物运动、发展的规律。

名人名句

天有常道矣，地有常数矣，君子有常体矣。　　　　　　　　——荀子

规律是普遍的。在哲学的研究对象中，自然界、人类社会和人的思维，在其运动和发展变化的过程中，都遵循其固有的规律。

规律是客观的,是指规律不以任何人的意志为转移,不因人的好恶而改变,不管人们是否认识到、承认不承认,它都客观存在着,并以一定的方式起作用。人不能任意创造、消灭或改变规律,只能去认识、利用规律。客观性是规律的根本属性。

| 讨 论 |

"永动机"为什么无法制造出来?焦耳的成功给了我们什么启示?

永动机示意图　　　　英国著名物理学家詹姆斯·普雷斯科特·焦耳

规律的普遍性和客观性要求我们必须遵循规律,而不能违背规律。一旦违背客观规律,人们就会受到规律的惩罚。但是在客观规律面前,人并不是无能为力的。规律是可以被人认识和利用的,人可以在认识和把握规律的基础上,根据规律发生作用的条件和形式利用规律,改造客观世界,造福于人类。

2. 客观规律引导人生行动

人生的存在和发展是用自己的体力和智力去改造环境,创造物质财富和精神财富,主动地生存和发展的过程。这种自觉能动的生命运动就是人生行动。人生行动也是有规律的,这是因为构成人生行动的基本要素都是客观的。人生行动的基本要素有:行动的主体、行动的对象和行动的手段。人生行动的主体是人自身,每个人都是自然界的一部分,都是一种客观实在。人生行动的对象是自然界和人类社会及人自身。自然界和人类社会也都遵循着其固有的规律。人生行动的手段是人自身的体力和智力。尽管每一个人都在努力发展自己的体力和智力，但每个人的体力、智力状况归根结底是由客观条件决定的。

敢于行动不等于成功行动。行动成功要有明确的目的，有恰当的行动方法和行动的条件。无视行动的这些条件，单凭勇气和胆量不能取得真正的成功。

哲理故事

爱因斯坦的"梦想"

爱因斯坦小时候做梦都想成为像帕格尼尼那样伟大的小提琴演奏家。他一有空就练琴，可是连他的父母都觉得这个可怜的孩子拉得实在太蹩脚了，完全没有音乐的天赋。

一天，爱因斯坦去请教一位老琴师。琴师说："孩子，你先给我拉一首曲子吧。"他拉的是帕格尼尼24首练习曲中的第三首，简直破绽百出。一曲终了，老琴师沉吟片刻问他："你为什么特别想拉小提琴呢？"他说："我想成功，想成为帕格尼尼那样出众的小提琴家。"老人又问："那你拉琴快乐吗？"他回答："我非常快乐。"

老琴师把爱因斯坦带到自家的花园，对他说："孩子，你现在非常快乐，说明你已经成功了，对不对？你拉小提琴是为了成功，获得快乐，而现在你已经是这样，又何必非要成为帕格尼尼那样伟大的人呢？你看，世界上有两种花，一种花能结果，一种花不能结果，可它们同样美丽，比如玫瑰，比如郁金香，它们在阳光下开放，虽没有任何明确的目的，但这也就够了。"

老琴师的这番话让爱因斯坦恍然大悟。在后来的日子里，他不再对拉小提琴那么狂热了，只把它当做调节生活的一种方式。20年后，他成了名扬天下的物理学家。

人生行动要受到各种主、客观因素的制约，行动的方法是否科学，行动能否成功，关键在于是否遵循客观规律。

第二课 物质运动与人生行动

【活动建议】

1．元宵节已过，某商场食品专柜的元宵尚有部分库存。请你帮助营销部经理制定一个可行的促销方案。

提示：方案必须具备鲜明的目的性、明显的综合性、强烈的针对性、突出的操作性、确切的明了性等特点，即体现"围绕主题、目的明确，深入细致、周到具体，一事一策，简易明了"的要求。

2．按性别分组讨论：在校上、下两个学期里，我们的学习、生活等方面有哪些规律性的内容？尝试按月度列举。

3．修订个人月/周/日行动计划，领会人生贵在行动的真谛。

	本月重点	周一	周二	周三	周四	周五
1						
2						
3						
4						
5						
6						
7						
8						
9						
10						
11						
12						

第三课　自觉能动与自强不息

不知道大家想过这个问题没有：宇宙本是无意识之物，为什么会产生有意识的人这种生物呢？而对于人类而言，意识又是一件多么神奇的东西啊！因为它，我们可以感受生活的美好；因为它，我们可以思考活着的意义。

一、意识是地球上的最美花朵

人们之所以能认识到世界是物质的，物质是在时空中运动着的，是因为人是有意识的存在物。从本质上说，意识是人脑对物质的反映，主要可以从以下两个方面去理解：

从生理基础上看，意识是人脑的机能。人脑为什么会产生意识呢？这与人脑是高度发达、严密组织起来的物质分不开。人脑是具有高度组织和复杂结构的物质系统，人脑的神经活动是意识产生的生理基础，没有人脑的神经活动也就不会有意识。

魏武行役，失汲道，军皆渴，乃令曰："前有大梅林，饶子，甘酸，可以解渴。"士卒闻之，口皆出水。乘此得及前源。

——《世说新语·假谲》

望梅止渴

从内容上看，意识是客观存在的反映。人脑只是意识的物质器官，它本身并不能自发地产生意识，人只有在一定的社会环境下，在实践活动中，当外界的事物现象通过感觉器官传到大脑，才会产生意识。人脑不过是个加工厂，意识的材料内容则是从物质世界得来的。如果不从客观世界取得"原材料"和"半成品"，"加工厂"便无料加工，就不可能生产出任何成品。

名人名句

> 观念的东西不外是移入人的头脑并在人的头脑中改造过的物质的东西而已。
> ——马克思

意识是人脑对客观世界的反映，是客观世界的主观映象。它是主观形式和客观内容的统一，被恩格斯誉为"地球上最美丽的花朵"。

1. 自觉能动性是人的特有能力

自觉能动性是人区别于动物的根本特点。自觉能动性亦称"主观能动性"，指人的主观意识和实践活动对于客观世界的反作用或能动作用。主观能动性有两方面的含义：一是人们能动地认识客观世界；二是在认识的指导下能动地改造客观世界。在实践的基础上使二者统一起来，即表现出人区别于物的主观能动性。

人的自觉能动性表现在三个方面：第一，人类认识世界的能力和活动。人不仅能反映事物的外表现象，而且能够能动地反映事物的本质和规律。突出表现为我们通常说的"想"。第二，人类改造世界的能力和活动。就是指人可以在认识的指导下能动地改造客观世界，即通常我们所说的"做"。第三，人类在认识世界和改造世界的活动中所具有的精神状态，即通常说的决心、意志、干劲等。

人的自觉能动性有哪些作用呢？

首先，人的自觉能动性使人能够能动地认识世界。人的自觉能动性是人能够认识世界的重要条件，世界上只有尚未认识之物，而没有不可认识之物。

其次，人的自觉能动性使人能够能动地改造世界。人的自觉能动性能够使人把握客观规律，把思想、计划和方案等观念的东西用于指导实践，以自己创造性的活动改造世界，达到预期的目的。

再次，人的精神状态贯穿于人们认识世界和改造世界的活动之中，对这些活动的导向与选择、激发与抑制、控制与调节有着巨大的影响。

最后，自觉能动性的发挥对人生的发展起着重要的作用。自觉能动性发挥的程度越高，人自身潜能的挖掘和发挥也就越大，使人生更有意义，使自己的生命更有价值，创造自己美好的人生。

2. 主动发挥人的自觉能动性

人生的路各有不同，每个人的人生之路都是自己走出来的。人生路只能自己去走，自己的事只能自己去做。这就要求我们必须充分发挥人的自觉能动性，积极行动，创造属于自己的成功人生。

发挥主观能动性，要求我们从客观实际出发，脚踏实地走好人生路。尊重物质运动的客观规律，从客观存在的事物出发，经过调查研究，找出事物本身固有的而不是臆造的规律性，以此作为我们行动的依据。

发挥主观能动性，要求我们积极行动，做自己人生的主人。要知道，在人生的道路上，任何外力的帮助都是第二位的，只有通过自身的努力积极行动才是通向成功之路的金钥匙。

小故事

父辈的光芒太盛，对于怀揣梦想辛苦打拼的儿女也是一种难言的负担。无论他们如何努力，做出了多大的成绩，人们的惯性思维常会说：他们无非是倚仗着父辈的势力而成功。有人或许能够承受这种偏见，接过父辈的枪；也有人选择远离父辈荫庇，创造属于自己的财富人生。王雪红就是后者，作为台湾"经营之神"王永庆的女儿，打拼多年，独自创业，不曾用过父亲一分钱。如今的她是台湾女首富，《纽约时报》称她为"全球科技界最有权势的女人"。她曾和英特尔前CEO安迪·葛鲁夫过招，创办的威盛电子与英特尔、AMD分庭抗礼，三分全球芯片业市场。她旗下的宏达国际，为谷歌手机代工，现已是全球最大的智能手机厂商。在王雪红眼里，成功是需要始终用自己的不懈努力来获得的。

你对现在父母为你提供的各种条件满意吗？王雪红的事例带来哪些启示？

名人名句

马云说过，对于想要创业的年轻人来说，成功的第一要义便是敢想敢做，出手果断，正所谓"十个想法不如一个行动"。只有那种不仅有创业想法，且敢于行动的人才能真正获得创业成功的机会。

阿里巴巴的创始人

发挥主观能动性，还要求我们自信自强，创造精彩的人生。一个人有没有自信自强、自强不息的精神，决定了一个人自觉能动性发挥的程度，也决定了他能否走好、走完人生路。

二、有为乃人生中的顶级追求

王小波曾在《我的精神家园》中谈及了他一生的志趣与所求。尽管物质生活并不丰裕，他却可以去内心深处构建属于自己的天堂。然而在生活中，好多人即使物质上无限富有也不愿为精神投入一丝本钱。其实，人只是一根会思想的芦苇，它可以渺小，但精神却不能低微，因为这是人类之所以为人的根本。

知识链接

马斯洛把人的需求分成生理需求、安全需求、社交需求、尊重需求和自我实现需求五类,依次由较低层次到较高层次排列。自我实现的需求是最高层次的需求,它是指实现个人理想、抱负,发挥个人的能力到最大程度。达到自我实现境界的人,接受自己也接受他人,解决问题能力增强,自觉性提高,善于独立处事,要求不受打扰地独处,完成与自己的能力相称的一切事情的需要。也就是说,人必须干称职的工作,这样才会使他们感到最大的快乐。

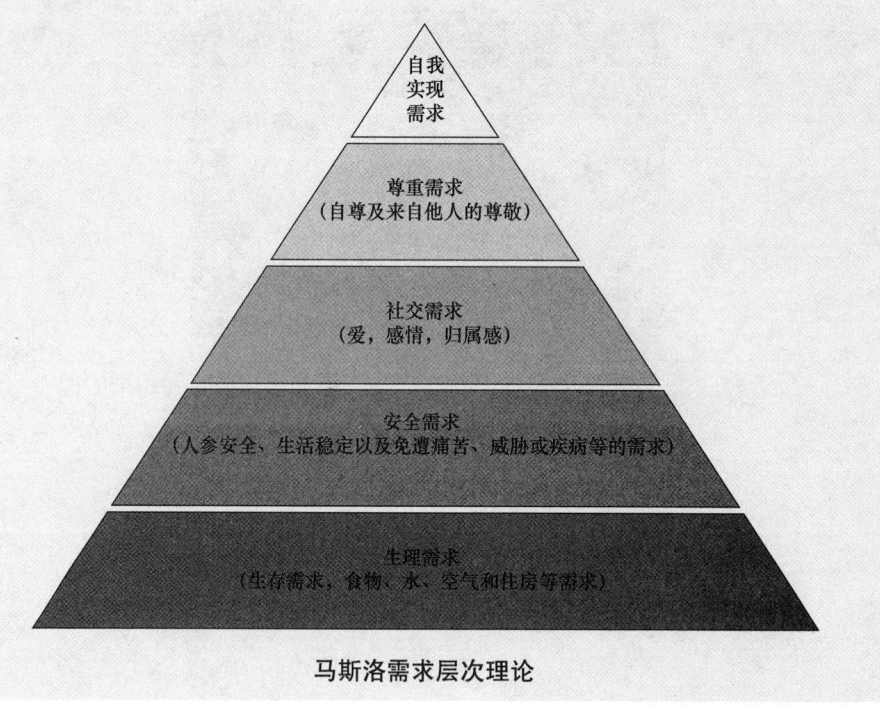

自我实现需求

尊重需求
(自尊及来自他人的尊敬)

社交需求
(爱,感情,归属感)

安全需求
(人参安全、生活稳定以及免遭痛苦、威胁或疾病等的需求)

生理需求
(生存需求,食物、水、空气和住房等需求)

马斯洛需求层次理论

1. 好高骛远与脚踏实地

实现自己的人生追求需要我们积极进取,切忌好高骛远。人生没有捷径,也不能速成,更不能这山望着那山高,只有从具体的小事,从切实可行的基础做起,从眼前的一点一滴做起,才能实现有为的人生。

小故事

1871年的春天,英国蒙特瑞综合医科学校的学生威廉斯勒,也对自己人生中的问题感到很困惑。他不明白应该怎么处理远大的理想和具体的身边小事的关系,一个人应该有什么样的做事态度才能成功。他渴望成功,但对手边的小事又觉得没有什么意义。他甚至以为现在的学校生活枯燥乏味，没什么值得去用心的。因而他的成绩也每况愈下。他找他的老师探讨这些困难的人生问题。他的老师推荐他阅读哲学家卡莱里写的一本哲学启蒙读物。老师说，他的书里或许有答案帮助你解决问题。威廉斯勒是一个意志很坚定的青年，他一向不崇拜大人物，更不相信所谓的名人名言，对许多问题一向有自己的独到见解。但既然是老师推荐的，他想或许真的有用，于是拿过书漫不经心地浏览起来。突然间，书中的一句话让他眼前一亮："最重要的，就是不要去看远方模糊的东西，而是要做手边最具体的事情。"他恍然大悟，是啊，不论多么远大的理想，都需要一步步去实现啊！不论多么浩大的工程，都需要一砖一瓦垒起来啊！

也就是从那一天开始，1871年春天的一个下午，年轻的威廉斯勒开始埋头读书，因为他知道这是他目前最紧要的事情，他要把自己的成绩提高上去。半个学期以后，威廉斯勒就一跃成为整个学校最优秀的学生。两年以后，威廉斯勒以全校最优异的成绩毕业。毕业后他来到一家医院做医生，他认真对待每一位患者，对每一次出诊都一丝不苟。兢兢业业的态度和精益求精的精神，使他很快成为当地的名医。

几年以后，他创办了约翰·霍普金斯学院。他把自己的人生态度贯彻到每一个细节里。许多专家学者慕名来到他的学院工作，使他的学院很快成为英国乃至世界最知名的医学院。

实现自己的人生追求需要我们脚踏实地，一切从实际出发，做到实事求是，坚守马克思主义哲学的一根红线。要立足本职、埋头苦干，结合自身的客观实际，用勤劳的双手、一流的业绩成就属于自己的人生精彩。要不怕困难、攻坚克难，勇于到条件艰苦的基层、国家建设的一线、项目攻关的前沿接受锻炼，增长才干。要勇于创业、敢闯敢干，努力在改革开放中闯新路、创新业。只有这样才能不断开辟自己人生发展的新天地。

第一单元　坚持从客观实际出发　脚踏实地走好人生路

哲理故事

沈括与《梦溪笔谈》

"人间四月芳菲尽，山寺桃花始盛开"，当读到这句诗时，沈括的的眉头拧成了一个结：为什么我们这里花都开败了，山上的桃花才开始盛开呢？为了解开这个谜团，沈括约了几个小伙伴上山实地考察一番。四月的山上，乍暖还寒，凉风袭来，冻得人瑟瑟发抖，沈括茅塞顿开，原来山上的温度比山下要低很多，因此花季才比山下来得晚呀。凭借着这种求索精神和实证方法，长大以后的沈括写出了《梦溪笔谈》。

《梦溪笔谈》名汲古阁刻本

2. 客观规律与自觉能动

客观规律与自觉能动性的辩证关系是什么呢？

哲理故事

庖丁为文惠君解牛，手之所触，肩之所倚，足之所履，膝之所踦，砉然响然，奏刀騞然，莫不中音。合于桑林之舞，乃中经首之会。

庖丁解牛

一方面，尊重客观规律是正确发挥主观能动性的前提和基础。规律是客观的，客观规律始终制约着人的自觉能动性的发挥。只有尊重客观规律，才能更好地发挥人的主观能动性。人们对客观规律认识愈深刻、全面，主观能动性愈能充分地发挥。如果违背客观规律，就会受到它的惩罚。另一方面，发挥主观能动性是认识、掌握和利用客观规律的必要条件。因为客观规律是隐藏在事物内部的，要正确地认识必须通过实践，依靠主观能动性的发挥。利用客观规律可以改造世界。规律虽然是客观存在的、不以人的意志为转移并且不可创造、不可抗拒、不可消灭的，但人们可以充分发挥主观能动性，去认识和利用规律为人类造福。

> **小故事**
>
> 1875年某日，美国某肉类食品公司的老板在报纸上看到一篇报道——墨西哥发生了畜瘟疫。他想，如果墨西哥真的发生了瘟疫，必然会很快传到相邻的美国的加利福尼亚和得克萨斯州，而这两个州都是美国的肉类食品供应地，一旦发生瘟疫，政府必然会下令禁止这两个州的肉类食品外运。于是，这位老板立即派他的私人医生到墨西哥进行实地考察。第二天，医生打来电话，说那里确实发生了畜瘟疫，而且情况非常严重。这位老板立即从上述两州购买牛肉和生猪，并火速运往美国东部。几天后，瘟疫传入美国，政府下令禁止这两个州的肉类外运，美国市场因肉类食品短缺而涨价，这家肉类食品公司却因此获利9 000万美元。

【活动建议】

1. 测试：你的自控能力有多强？

以下每个项目表明这个陈述在多大程度上符合你的情况：1＝非常不赞成；2＝不赞成；3＝有点不赞成；4＝介于赞成和反对之间；5＝有点赞成；6＝赞成；7＝非常赞成。

第一单元　坚持从客观实际出发　脚踏实地走好人生路

测试题	选项	分值
1. 能得到想要的东西是因为自己的努力。		
2. 订计划的时候，相信自己能让它发挥作用。		
3. 喜欢带有运气的游戏，而不是纯粹需要技术的游戏。		
4. 只要下定决心，就能学会几乎所有的东西。		
5. 自己的专业成就完全取决于努力工作和能力。		
6. 通常不设定目标，因为自己很难最终实现它们。		
7. 竞争不能使人变得优秀。		
8. 人们通常靠运气获得成功。		
9. 在所有的考试、竞争中，想知道自己比别人做得怎样。		
10. 干一些对于自己来说太难的事情，没有意义。		

评分方法：计算分数的时候，把第3、6、7、8、10题进行反向计分（即1＝7；2＝6；3＝5；4＝4；5＝3；6＝2；7＝1），然后合计10个项目的分值。

测试分析：得分越高，表明你越相信自己能控制成就。如果远远高于平均值，说明你会奖励自己的成功，并为自己的失败负责。得分低表明你是外控的，你倾向于相信有超越自己控制力的其他决定性力量，例如更强有力的人或机遇决定着在你身上发生的事情。

2. 理解说明题

对"心想事成"这一成语的含义，甲、乙二人从哲学上进行了分析。甲认为"心想"是"事成"的前提，因此，心想一定事成。乙认为事情是人做出来的，不是想出来的，因此，心想不一定事成。你认为甲、乙二人谁的观点正确？为什么？

3. 时事热点：实现中国梦必须弘扬中国精神

实现中国梦必须弘扬中国精神。这就是以爱国主义为核心的民族精神，以改革创新为核心的时代精神。这种精神是凝心聚力的兴国之魂、强国之魂。

中华人民共和国主席习近平2013年3月17日在十二届全国人大一次会议闭幕会上发表重要讲话表示，他说，爱国主义始终是把中华民族坚强团结在一起的精神力量，改革创新始终是鞭策我们在改革开放中与时俱进的精神力量。全国各族人民一定要弘扬伟大的民族精神和时代精神，不断增强团结一心的精神纽带、自强不息的精神动力，永远朝气蓬勃迈向未来。他强调，实现全面建成小康社会、建成富强民主文明和谐的社会主义现代化国家的奋斗目标，实现中华民族伟大复兴的中国梦，就是要实现国家富强、民族振兴、人民幸福，既深深体现了今天中国人的理想，也深深反映了我们先人们不懈奋斗追求进步的光荣传统。面对浩浩荡荡的时代潮流，面对人民群众过上更好生活的殷切期待，我们不能有丝毫自满，不能有丝毫懈怠，必须再接再厉、一往无前，继续把中国特色社会主义事业推向前进，继续为实现中华民族伟大复兴的中国梦而努力奋斗。

实现中国梦，必须既要尊重客观规律，又要发挥主观能动性。

第二单元　用辩证的观点看问题 树立积极的人生态度

刘、关、张三结义

中国古代四大名著之一的《三国演义》卷首语原文是"话说天下大势，分久必合，合久必分"。天下大势的分合思想中体现着哲学上的辩证思维。

人类社会的发展是分分合合，战争与和平伴随着人类社会的始终，在分分合合中，社会在不断地前行发展。人生的发展也充满了各种各样的矛盾，各种各样的经历。如何正确地认识社会发展的规律？如何看待人生中的各种经历？如何面对并解决人生中的各种问题？

在第二单元的学习中，让我们来一起认识这个丰富多彩的世界，学会辩证地看待自己及我们生活的世界，学会理解和尊重，树立起积极的人生态度！

第四课　普遍联系与人际和谐

　　山东大学社会学系曾选取在济南举办的两场高校毕业生招聘会，现场发1 500份问卷，对高校毕业生供需状况进行了调查分析，统计结果表明：用人单位在招聘时最看重的是大学生的综合素质，其中大学生的个人能力成为用人单位关注的重点，特别是人际交往能力更成为重中之重。

　　面对日益激烈的社会竞争，广大学生在生活、学习和工作中，一定要积极正视和解决不愿交往、不懂交往、不善交往的问题，要塑造自身形象，以积极的态度和行为对待人际交往，建立和谐融洽的人际关系，为自己的人生扫清障碍。

一、用普遍联系的观点看待人际交往

1. 联系的普遍性与客观性

　　当地时间2011年3月11日14时46分23秒，日本东部发生里氏9.0级地震，据统计，自有记录以来，此次的9.0级地震是全世界第三高（1960年发生的智利9.5级地震和1964年阿拉斯加9.2级地震分别排第一和第二）。地震引发海啸，海啸最高达到24米。世界银行当地时间20日发表的阶段性报告称，日本东部大地震造成的经济损失将达1 220亿～2 350亿美金，相当于日本国民生产总值的2.5%～4%，远远大于阪神大地震时的1 000亿美金、2%的国民生产总值。据日本警察厅截止到东京时间21日上午9时的统计，本次日本东部大地震已经造成8 649人死亡，12 877人下落不明，另有2 702人受伤。15 688栋建筑在地震中被毁。

第二单元 用辩证的观点看问题 树立积极的人生态度

世界银行还同时指出，日本东部大地震将对东亚及太平洋地区经济尤其是这一地区的贸易产生较大影响，并称"汽车和电机产业的生产链因在地震中受到重创，（与阪神大地震时相比）震后恢复可能需要更长时间"。受日本发生强烈地震影响，包括香港在内的亚洲股市11日全面下跌。亚洲区内股市11日全线下跌，其中日本日经平均指数下跌1.72%，新加坡海峡时报指数下跌1.04%，印尼雅加达综合指数下跌1.27%；而香港恒生指数当日盘中跌幅一度逾2%，最多跌509点，收市时跌幅略有收窄，跌1.55%。据台湾媒体报道，美国风险分析业者AIR Worldwide表示，西太平洋9.0强震或会致保险损失金额高达近350亿美元，成为史上代价最昂贵灾难，这还未计入海啸造成的损失。这项数额几乎等同于2010年全球保险业的全世界整体灾损金额，或会迫使保险市场调高保费。

请问：发生在日本的地震都影响了那些领域？

名人名句

辩证法是关于普遍联系的科学。当我们深思熟虑地考察自然界或人类历史或我们自己的精神活动的时候，首先呈现在我们面前的，是一幅由种种联系和相互作用无穷无尽地交织起来的画面。
——恩格斯

联系是普遍的。世界上的一切事物都与周围的其他事物有着这样或者那样的联系。所谓联系就是事物之间以及事物内部诸要素之间的相互影响、相互制约和相互作用的关系。从宏观天体到微观粒子，从无机界到有机界，从自然界到人类社会，任何事物都处在联系之中。世界就是一个普遍联系的整体，是一个由种种联系交织起来的的丰富多彩的世界。孤立的事物是不存在的，联系是普遍存在的。

相关链接

食物链上的每一个环节叫营养级，任何一种生物都属于一定的营养级。太阳能是以光能的形式进入生态系统的，被绿色植物（属生产者）吸收转化为化学能后，贮存在植物体内，以有机质形式供植物自身和其他生物利用。一般来说，能量沿着"绿色植物→草食动物→一级肉食动物→二级肉食动物"逐级流动，而后者所获得的能量大体等于前者所含能量的1/10，这就是说，在能量流动过程中，约有9/10的能量被损失掉。关于这种数量关系，人们称为"1/10定律"。这一定律是由美国耶鲁大学的学者林德曼于1942年创立的。

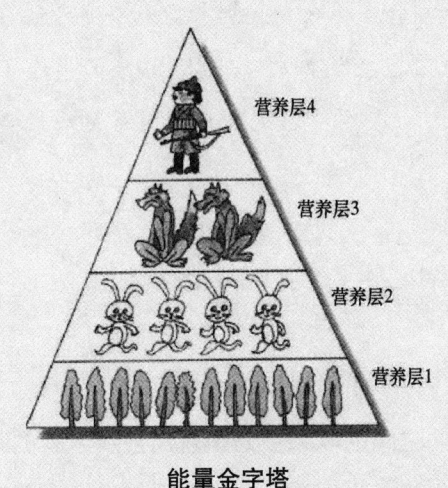

能量金字塔

1/10递减律不但向人们提示了能量在生态系统流动中存在着严格的数量关系，而且向人们提示，生态系统中各营养级的有机体之间，必须保持严格的数量关系才能保持生态平衡，尤其是居于能量金字塔顶部的捕食者的个体数量不能很大，而且个体数量必须保持动态恒定，这对整个生态系统的稳定至关重要。所谓生态平衡，首先是生物数量上的相对平衡，因此，为了保持生态系统的稳定，必须保持各生物物种的相对数量。

联系是客观的。联系是事物存在和发展过程中本身所固有的现象，它不以人的意志为转移。人类产生之前，各种机械的、物理的、化学的、生物的联系已经存在。人类产生之后，随着人类实践活动的展开，必将会建立起人类与自然界的、人与人的各种各样的联系，尽管这些联系中呈现着"人"的印记，但如何联系还是客观的、不以人类的意识为转移的。因为无论是人与自然界的，还是人与人的，或是物与物的任何联系，都要依赖于一定的客观条件。我们既不能否认事物本身固有的联系，也不能主观地进行瞎联系。

第二单元　用辩证的观点看问题　树立积极的人生态度

哲理故事

吉祥号码

　　一位少妇来到拍卖行，要求拍卖她丈夫公司的电话话号码和汽车牌照。

　　"夫人，这可是上上吉的吉祥数啊！"拍卖行经理看过号码对少妇说，"你瞧！电话号码是'发发发我就要发'（8885918），汽车牌照是'要发一路发发发'（1816888）。夫人，您丈夫真的同意把他们卖掉吗？""我不知道。"少妇抽泣起来。

　　"那就是……"

　　"因为他开的公司破产了，前几天他跳楼自杀了。"

　　联系普遍客观地存在于我们的生活中，我们赖以生存的客观环境中，而且随着互联网时代的到来，人们之间的联系更是呈现出前所未有的新局面，人们之间、公司之间、国家之间，建立起了更广泛的合作关系，世界在普遍的联系中变得"小"了，成了真正意义上的"地球村"。

2. 交往是联系的最高形式

　　普遍联系的观点在人类社会中的集中反映就是人们之间的交往。同世界上的其他事物一样，现实中的我们也处在普遍联系的状态之中，在与自然的交往中获取我们所需的物质能量，在与人和社会的交往中获取我们个体成长所需要的知识和信息。每个人都生活在纵横交错的"人际关系网"之中，在这神奇的生态系统之中，如果我们离开了大自然，离开了人类社会，我们是无法生存和发展的。

名人名句

　　在造就一个人成功的各因素中，85%为人际关系沟通和交际的能力，15%为专业技能。

　　　　　　　　　　　　　　　　　　　　　　　　——卡耐基

　　人际关系是指人与人在相互交往过程中所形成的心理关系。人与人的交往关系包括亲属关系、朋友关系、学友（同学）关系、师生关系、雇佣关系、战友关系、同事关系及领导与被领导关系等。

如图所示，我们的生活就是在与这些人的交往中具体展开、生动地进行着，这些关系影响着我们的人生的深度和广度。良好融洽的人际关系对我们的日常生活和人生发展具有积极的促进作用，反之，则会产生消极影响。人与人之间的社会交往与自然物的联系不同，人际交往是我们可以积极主动营造的，能够主动进行选择。人际交往总是渗透着人的目的性、能动性。人不是完全被动地接受社会交往关系，而是可以主动地选择与什么人交往、不与什么人交往，从而促进和推动自己人生的健康发展。

哲理故事

印度狼孩

那还是在1920年，在印度加尔各答东北的一个名叫米德纳波尔的小城，人们常见到有一种"神秘的生物"出没于附近森林，往往是一到晚上，就有两个用四肢走路的"像人的怪物"尾随在三只大狼后面。后来人们打死了大狼，在狼窝里终于发现这两个"怪物"，原来是两个裸体的女孩。其中大的七八岁，小的约两岁。人们将这两个小女孩送到米德纳波尔的孤儿院去抚养，还给她们取了名字，大的叫卡玛拉，小的叫阿玛拉。到了第二年阿玛拉死了，而卡玛拉一直活到1929年。据研究，七八岁的卡玛拉刚被发现时，她只懂得一般6个月婴儿所懂得的事，花了很大气力都不能使她很快地适应人类的生活方式，2年后才会直立，6年后才艰难地学会独立行走，但快跑时还得四肢并用。她直到死也未能真正学会讲话：4年内只学会6个词，听懂几句简单的话，第7年时才学会45个词并勉强地学几句话。在最后的3年中，卡玛拉终于学会在晚上睡觉，她也怕黑暗了。很不幸，就在她开始朝人的生活习性迈进时，她死去了。辛格估计，卡玛拉死时已16岁左右，但她的智力只相当于三、四岁的孩子！

这个故事说明，人不是孤立存在的，而是高度社会化了的人，脱离了人类的社会环境，脱离了人类的集体生活就形成不了人所固有的特点。

二、以和谐思想促进礼尚往来

1. 联系的多样性与复杂性

联系是客观的，并不意味着人对事物的联系就无能为力了，人们可以根据事物固有的联系，改变事物的状态，建立新的联系。世界上的事物千差万别，事物间的联系也是千差万别、多种多样的。联系具有多样性和复杂性，有直接联系和间接联系、内部联系和外部联系、本质联系和非本质联系、必然联系和偶然联系。不同的联系对事物的存在和发展起着不同的作用。内部的、本质的、必然的和主要的联系，决定着事物的根本性质及其发展的基本趋势，而外部的、非本质的、偶然的和次要的联系，则只能在一定程度上影响事物发展的进程。在实际生活中，人们容易看到那些直接的、表面的和眼前的联系而往往忽视那些间接的、本质的和长远的联系，忽视事物之间相互联系的中间环节。因此，把握联系的多样性，对我们正确认识事物具有重要意义。

2. 和谐是联系的最高境界

和谐是联系的最高境界，是各种联系着的事物之间保持着某种平衡，在相互的平衡中支持着各自的发展，只有处在和谐的状态中，这些发展才会有继续的可能性，而不是两败俱伤或者无法为继。我们生活在共同的社会环境中，人际关系、人与自然的关系是我们必须要面对的。人是群居的动物，从古至今，事实证明人只有充分地分工协作才能更好地生存，更好地改善生活，更好地发展文明。所以与人和谐相处必不可少，这里的和谐带给我们的是"发展"。人又是处在食物链最高端的种群，对整个食物链和自然界的依赖也最大，依赖大也就消耗大，消耗大带来的是更大的依赖，所以人与自然的和谐相处就显得尤为重要了，而这里的"和谐"带给我们的是"持续"。

第四课　普遍联系与人际和谐

和谐的人际关系具有以下特征：

平等相处。在和谐的人际关系中，人与人之间是平等的，每个人的权利和人格都受到平等尊重。不歧视人，不欺负人，是减少人际冲突、建立良好人际关系的基本条件。

宽松的人际环境。和谐的人际关系中每个人的个性自由受到尊重，人与人之间能设身处地地为别人着想和最大限度地理解别人，在宽容别人的同时，也开阔了自己的心胸。

相互真诚信任。在和谐的人际关系中，人与人之间真诚相待、信誉至上。相互信任是维护人际关系的基本保障。

友善和关爱。与人为善是人际和谐的出发点，人们之间以友好的态度相处，可以消除隔阂、增进感情。

人际和谐对人生发展具有重要作用。

首先，良好的人际关系有助于形成人的道德情感。我们通过观察就能发现，在相容、相近、相亲相爱的人际关系中最易于形成集体主义、利他主义及善良、热情等高尚的情感。

其次，良好的人际关系有利于保持人的心理健康。和谐的人际关系能满足人的精神需求，使人产生积极的自我肯定情绪，这种情绪状态有利于人保持愉快的心境。在和谐稳定的人际关系中，每个人都能感觉自己对他人的价值和他人对自己的意义，这对于人的心理健康是很重要的。

第三，良好的人际关系能有效地促进活动的顺利完成。在和谐的人际关系中，人们心情舒畅，智力活动得以正常进行。广泛而和谐的人际关系有利于人开阔视野、拓展心胸、扩大选择范围、增进信息来源。

共青团中央和北京大学联合发布的一项涉及全国近百所高校6 000多名大学本科毕业生的就业状况调查报告显示：

%：占被调查大学生比例

在大学生就业预期方面

认为通过家庭和社会关系是最有效的求职途径

将月收入定位在1 000～2 000元之间

不在乎"零工资"

76.00%
"找工作的过程是一次必要的人生历练，可以丰富人生经验并使自己更成熟"

40.61%

66.10%

1.58%

人际关系网络仍是大学生求职就业的有效途径

第四，良好的人际关系可以提高社会的合作性水平及和谐度，有利于社会的发展和进步。

人际关系和谐对人生发展是重要的，但人际关系和谐在现实中却不是很容易实现的。在复杂的现实生活中，存在着多种多样的关系，要正确地认识并善于处理这些不同的关系，才会实现人际关系的和谐。

自我为中心

身边的不和谐

第四课　普遍联系与人际和谐

名人名句

> 人类的心理适应，最重要的是人际关系的适应，所以人类的心理病态主要是由于人际关系的失调而来的。
> ——丁瓒

世界是多样的世界，地球上的物种是多样的，生物是多样的，人类社会活动是多样的，人的性格是多样的。承认并接受世界的多样性，重要的是学会尊重世界的多样性。如果世界是单一的、无差别的，那么世界将变得毫无生气。在多样的世界中求统一，在多种联系的世界中求和谐、求发展。多样性和差异性让不同人、不同事之间拥有了互补性、借鉴性和交往性。因此，营造和谐的人际关系关键是承认差异、尊重差异，承认多样、尊重多样。

相关链接

建立良好人际关系的原则：尊重原则、诚信原则、宽容原则、平等原则、相容原则、互利原则。

尊重差异，尊重别人。不同的家庭环境熏陶出不同性格的人，不同的人生际遇会造就不同人格的人，学会尊重这些不同，是人际交往的基础。每一个人都可能是你学习的对象，因为他们都可能掌握了丰富的工作经验、娴熟的业务技能，要像尊重老师那样尊重他们，虚心向他们请教，不能以己之长比人之短，应该谦虚待人、自尊自重，不摆架子。

学会沟通，学会聆听。沟通是很重要的，对于不同性格的人，你一定要注意沟通的方式方法，掌握一些基本的沟通技巧。记住不管面对什么样的人，都要真诚。如果说话是一门艺术，那么聆听更是一门艺术，和别人交流的时候，一定要懂得如何去聆听，因为这也是一种礼貌，只有你认真聆听别人的谈话，别人才可能会认真聆听你的。

诚实守信，善待他人。人际交往中要诚实守信，不贪图虚名。要言行一致，说过做到。遇事能够替别人着想，能够体谅别人的处境，理解别人的痛苦，以温暖的态度和方式分担别人的不幸。善待他人，就是善待自己。

> 交友慎重，建立友谊。交友是人生的一件大事，需慎重选择。朋友之间会潜移默化地相互影响，交友要交益友，勿交损友。建立友谊最主要的就是要真诚，真诚地对待别人。真诚能带来朋友间心灵的共鸣、精神的寄托、思想的交融。

【活动建议】

1. 拓展阅读：《万物简史》引言部分及第26章《生命的物质》。用文字去感受生命的神奇，试着找找与你的出现有关的一切。

2. 组织一次班级活动，要求每一个人记录在活动中和自己有联系的那些人、那些事，体会联系的多样性。

第五课　发展变化与顺境逆境

尼克胡哲出生于1982年12月4日。他一生下来就没有双臂和双腿，看到儿子这个样子，他的父亲吓了一大跳，甚至忍不住跑到医院产房外呕吐；他的母亲也无法接受这一残酷的事实，直到尼克胡哲4个月大时才敢抱他。尼克胡哲这种罕见的现象在医学上取名"海豹肢症"。"8岁时，我非常消沉，"他回忆说，"我冲妈妈大喊，告诉她我想死。"10岁时的一天，他试图把自己溺死在浴缸里，但是没能成功。期间双亲一直鼓励他学会战胜困难，他也逐渐交到了朋友。直到13岁那年，尼克胡哲看到一篇刊登在报纸上的文章，介绍一名残疾人自强不息，给自己设定完成一系列伟大目标的故事。他受到启发，决定把帮助他人作为人生目标。由于尼克胡哲的勇敢和坚忍，2005年，他被授予"年度澳大利亚年轻公民"称号。

"真正改变命运的，并不是我们的机遇，而是我们的态度。"——尼克胡哲

第五课　发展变化与顺境逆境

一、用发展的观点看待人生过程

1. 发展的普遍性与规律性

自然界是不断发展的。自然界总是在不断的变化过程中：由低级到高级，由简单到复杂。整个自然界经历了一个从无机物到有机物，从无生命物质到生命物质，从单细胞到多细胞到人类的出现的过程，自然界仍在继续发展着。

生命的进化

地球的进化

地质时代	冥古宙 （46亿～38亿年）	太古宙 （38亿～25亿年）	元古宙 （25亿～5.7亿年）	显生宙 （5.7亿年～现在）
地球	地球形成，小行星冲击	壳、幔、核分离	中心核增长	层图构造稳定
地壳	玄武质薄壳，局部岛弧	早期为玄武质薄壳与岛弧，晚期出现陆核	陆核扩大形成稳定古陆，中晚期形成超大陆	大陆经历了分裂—聚含—再分裂的历史
大气圈	早期H、He 晚期CO_2、H_2O	无游离O_2，CO_2、H_2O为主	O_2进入大气圈并逐渐增加	O_2增加 CO_2减少
水圈	可能为分散的浅水盆	水圈主体形成，E_h、pH值低	水圈积累，形成大量灰岩和白云岩	水圈稳定接近现在水平
生物圈	无记录	自养生物原核细胞生物，原始菌藻类	真核细胞生物，菌藻类繁盛	后生生物，各种植物、动物等

第二单元 用辩证的观点看问题 树立积极的人生态度

在故宫里行进的美国军队

毛泽东宣布新中国成立

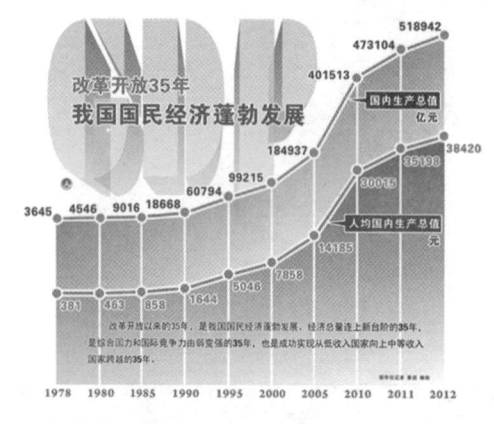

改革开放35年

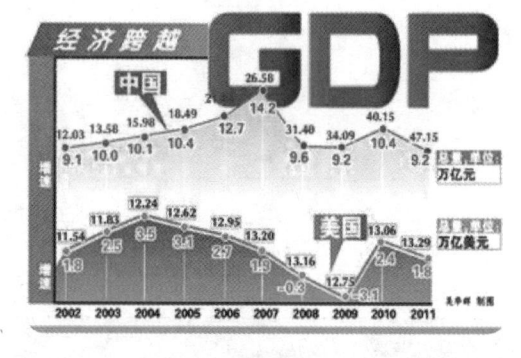

经济跨越

（1）1900八国联军占领北京，中华民族蒙受巨大屈辱，国家濒临灭亡。

（2）1949年，新中国成立，中华民族开启新的纪元。

（3）2000年，中国在社会主义基础上进入小康社会，中国走向繁荣和富强。

（4）2010年，中国GDP超日本正式成为第二大经济体。

回顾中国的历史，你能感受到中国社会的巨大发展吗？中国的发展带给你什么启示？

纵观人类历史，人类经历了原始社会、奴隶社会、封建社会、资本主义社会，未来人类将进入共产主义社会，人类不会停止前进的脚步，社会还将继续发展。社会形态的更迭表明，人类社会处于一个不断发展的过程中。

第五课　发展变化与顺境逆境

相关链接

认识宇宙

在古代，人们只能用肉眼观测天体。2世纪时，古希腊天文学家托勒密提出的地心说统治了西方对宇宙的认识长达1 000多年。直到16世纪，波兰天文学家哥白尼才提出了新的宇宙体系的理论——日心说。到了1610年，意大利天文学家伽利略独立制造折射望远镜，首次以望远镜看到了太阳黑子、月球表面和一些行星的表面和盈亏。在同时代，牛顿创立牛顿力学使天文学出现了一个新的分支学科——天体力学。天体力学的诞生使天文学从单纯描述天体的几何关系和运动状况进入到研究天体之间的相互作用和造成天体运动的原因的新阶段，在天文学的发展历史上，是一次巨大的飞跃。19世纪中叶天体摄影和分光技术的发明，使天文学家可以进一步深入地研究天体的物理性质、化学组成、运动状态和演化规律，从而更加深入到问题本质，从而也产生了一门新的分支学科——天体物理学。这又是天文学的一次重大飞跃。20世纪50年代，射电望远镜开始应用。到了20世纪60年代，取得了称为"天文学四大发现"的成就：微波背景辐射、脉冲星、类星体和星际有机分子。而与此同时，人类也突破了地球束缚，可到天空中观测天体。除可见光外，天体的紫外线、红外线、无线电波、X射线、γ射线等都能观测到了。

人类对宇宙的认识不断地被突破，说明了什么？

中国古代人民的天圆地方说

地心说

浩瀚宇宙

| 第二单元　用辩证的观点看问题　树立积极的人生态度 |

人类对宇宙、对自然界、对其自身的认识永远不会停止,人类的各种认识理论都在不断地发展。而就每个个体的人来说,他的认识能力、认识水平也处在一个不断发展的过程之中,由不知到知、由少到多、由浅显到深入的过程。

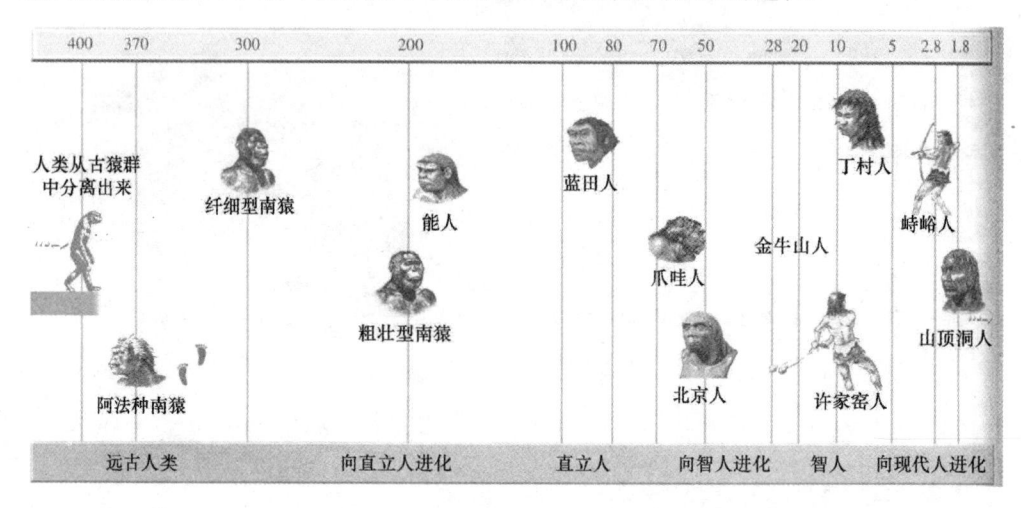

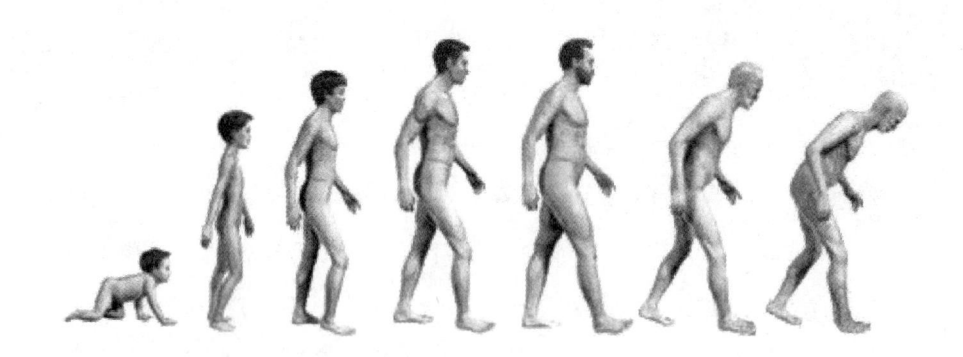

观察上述两幅图片并给图片命名,说说你的思路。

唯物辩证法认为,发展是事物前进和上升的运动,是事物由低级到高级、由简单到复杂的变化。发展不是同一事物简单重复、反复循环、原地转圈,更不是倒退下降的变化。发展的实质是新的事物代替旧的事物。判断一个事物究竟是新事物还是旧事物的关键,不是形式的新或旧,不是出现时间的先后,也不是力量的强弱,其根本标志在于它是否符合事物发展的必然趋势。新事物代替旧事物,这样的新陈代谢是宇宙间不可抗拒的规律。正是因为有不断的发展才有了伟大神奇的自然界,有了不断创造着奇迹的人类社会,有了日新月异的现代科技。发展是普遍的,发展

第五课　发展变化与顺境逆境

是永恒的。联系和发展是唯物辩证法的两大总特征。

生命是段奇妙的旅程：奇迹般地产生，奇迹般地存在和发展，奇迹般地变成另一种存在。

2. 人生的关键环节在于度

人生是不断变化的，人不可能永远停留在一个阶段，在不同的阶段会有不同的选择，人生是一个不断选择和进步的过程，无论是在生活、工作中还是思想上。人生要发展，要让自己的人生精彩，就要树立不断自我完善的信念，注重点滴的积累，逐步沉淀自己，厚积薄发，在有限的生命里，创造无限的可能。

哲理故事

"愚人吃盐"和"笨人吃饼"

在佛教文学作品《百句譬喻经》中有这样两则故事：一则是"愚人吃盐"，讲的是从前有个愚人，到别人家作客，吃菜嫌淡而无味。主人知道后，给他加了一点盐，他吃了后便觉得味道很美。而后他想，味道好是因为有盐，加了那么一点点盐就那么好吃，多加一点岂不更好吃吗？于是他就大吃起盐来，其结果是又苦又涩。

另一则是"笨人吃饼"，讲的是从前有一个人肚子饿了，狼吞虎咽地吃了一个饼子。他觉得没有饱，又一连吃了六个，还是没有饱，于是，便吃第七个饼子，刚吃到一半，便觉得饱了。这个人非常后悔，心想：我今天饱了，是因为吃了这半个饼子，前面吃的六个都浪费了。如早知道吃这半个饼子就会饱，我先吃这半个就好了。

这两个小故事告诉我们什么道理？

量变和质变是事物发展过程中两种不同的状态。量变是指事物数量的增减和场所的变化，是一种渐进的、不显著的变化。质变是事物根本性质的变化，是事物由一种质态向另一种质态的飞跃，是一种根本性质的显著的变化。事物的发展总是从量变开始的，量变是质变的必要准备，质变是量变的必然结果；质变又为新的量变开辟道路，使事物在新的基础上开始新的量变。事物的发展就是不断地由量变到质变，再由新的量变引起新的质变的过程，如此往复，不断前进。

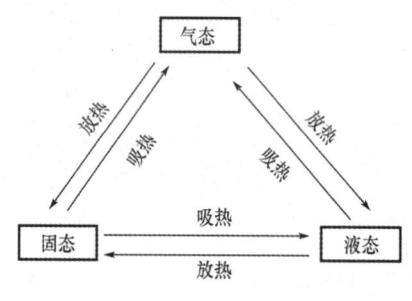

冰—水—气的三种状态变化

水在标准大气压情况下：

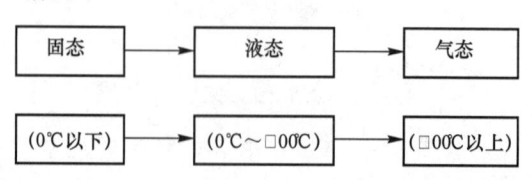

固态 → 液态 → 气态

(0℃以下) → (0℃～□00℃) → (□00℃以上)

我们在学习和生活中都要树立过程意识，注重点滴的积累，切莫急于求成。我们做任何事情都是从点滴开始做起，脚踏实地，一步一步积累的结果。需要我们全心投入，积极做好量的积累，为实现事物的质变创造条件；在量的积累已达到一定程度的时候，要果断地抓住时机，促成质的飞跃。要善于抓住事物发展过程的关键点，这样我们才会赢得主动，才会取得更好的发展。揠苗助长、一劳永逸、急于求成或者优柔寡断都是不可取的。

第五课　发展变化与顺境逆境

相关链接

度

度是事物质和量的统一，是事物保持自己质的数量界限、范围或幅度。

事物的度的两端的界限叫做关节点或临界点。关节点是一定质的事物所能容纳的量的活动范围的最高界限和最低界限。事物的量在度的范围内变化，事物不会发生质变；量变超出度的范围，事物就会发生质变。

二、以积极心态面对顺逆变化

1. 发展的前进性和曲折性

小故事

火车发明的经历

1783年，瓦特的学生默多克造出一台用蒸汽机作动力的车子，但效果不好，没人用。

史蒂芬孙（1781—1848）发明的火车

1807年，英国人特里维希克和维维安成功制造用蒸汽机推动的车子，可是这车子太笨重了，难以在普通的道路上行走，而他们也没想到把这辆车放到铁轨上去，所以不久后也就弃之不用了。

第二单元　用辩证的观点看问题　树立积极的人生态度

　　1814年,放牛娃出身的英国工程师斯蒂芬孙造出了在铁轨上行走的蒸汽机车,正式发明了火车。他发明的这个铁家伙有5吨重,车头上有一个巨大的飞轮。这个飞轮可以利用惯性帮助机车运动,斯蒂芬孙为他的发明取了个名字叫"布鲁克"。这个布鲁克可以带动总重约30吨的8个车厢。在以后的10年中,他又造了11个与布鲁克相似的火车头。

　　1825年9月27日,在英国的斯托克顿附近拥挤着4万余名观众,铜管乐队也整齐地站在铁轨边,人们翘首以待,望着那蜿蜒而去的铁路。铁路两旁也拥挤着前来观看的人群。忽然人们听到一声激昂的汽笛声,一台机车喷云吐雾地疾驶而来。机车后面拖着12节煤车,另外还有20节车厢,车厢里还乘着约450名旅客。斯蒂芬孙亲自驾驶世界上第一列火车。火车驶近了,大地在微微颤动。观众惊呆了,简直不相信自己的眼睛,不相信眼前的这铁家伙竟有这么大的力气。火车缓缓地停稳,人群中爆发出一阵雷鸣般的欢呼声。铜管乐队奏出激昂的乐曲,七门礼炮同时发放,人们在庆祝世界上诞生了火车。这列火车以每小时24公里的速度,从达灵顿驶到了斯托克顿,铁路运输事业从这天开始。

　　事物发展的前途是光明的。新事物是符合客观规律、具有强大生命力和远大发展前途的事物,它在旧事物的母体中孕育产生,克服旧事物中消极的、过时的和腐朽的东西,吸取了其中积极的、合理的因素,并增添了旧事物所不具有的新内容,因而具有旧事物无可比拟的优越性。旧事物违背事物的发展规律,最终将走向灭亡。因此,新事物必然战胜旧事物,新陈代谢是宇宙中不可抗拒的规律。

名人名句

　　设想世界历史会一帆风顺、按部就班地向前发展,不会有时出现大幅度的跃退,那是不辩证的,不科学的,在理论上是不正确的。　　——列宁

　　事物发展的道路是曲折的。新事物的发展总要经历一个由小到大、由不完善到

逐渐完善的过程。人们对新事物的认识总是要经历一个过程，新事物本身又不可避免地存在着不完善，而旧事物不会心甘情愿地退出历史舞台，总是会顽强抵抗，并极力扼杀新事物。因此新事物战胜旧事物必然是个漫长的过程，必然要经历曲折的道路。

事物的发展就是这样一个螺旋式上升的过程，前途光明，道路曲折。因此我们既要对未来充满信心，又要做好充足的思想准备，不断克服前行中的各种困难。

2. 顺逆的转化认识源自心

小故事

2011年感动中国人物——刘伟

当一名职业足球运动员是刘伟的青葱梦想，但10岁那年的一次触电事故，不仅让他失去了双臂，更剥夺了他在绿茵场奔跑的权利。

耽搁了两年学业，妈妈想让刘伟留级，他死活不干。在家教的帮助下，刘伟利用暑假将两年的课程追了回来，开学考试，他进入班级前三名。重回人生轨道的刘伟，一直对体育念念不忘，足球不行，那就改学游泳。12岁那年，他进入北京残疾人游泳队，两年后在全国残疾人游泳锦标赛上夺得两金一银。

"在2008年的残奥会上拿一枚金牌。"刘伟跟母亲许诺。谁知厄运又来纠缠，过度的体能消耗导致免疫力下降，他患上了过敏性紫癜。医生警告说，必须停止训练，否则危及生命。无奈之下，刘伟与游泳说再见，走进了后来带给他成功的音乐世界。

练琴的艰辛超乎常人的想象。由于大脚趾比琴键宽，按下去会有连音，并且脚趾无法像手指那样张开弹琴，刘伟硬是琢磨出一套"双脚弹钢琴"的方法。每天七八个小时，练得腰酸背疼，双脚抽筋，脚趾磨出了血泡。三年

第二单元　用辩证的观点看问题　树立积极的人生态度

后,刘伟的钢琴水平达到了专业七级。

"我的人生中只有两条路,要么赶紧死,要么精彩地活着。"在《中国达人秀》的舞台上,刘伟演奏了一首《梦中的婚礼》,全场静寂,只闻优美的旋律。曲终,全场掌声雷动,他是当之无愧的生命强者。此后,刘伟又登上了维也纳金色大厅。

人生是一个不断向前发展的过程,这种向前是曲折中的向前。在人生发展中,不可避免地会有逆境和顺境出现。没有人可以一帆风顺,两种境遇都是对人生的考验。

顺境所提供的种种便利条件固然有利于个人成长,但顺境也容易使人沉浸在安逸之中,不自觉地养成懒惰和焦躁之气,缺乏危机意识和斗志。

逆境是不利于我们成长的环境的总称,它阻碍着我们的成长,但正是这种阻碍,却是对人意志最好的磨炼。逆境会促使人们产生振奋的动力,可以帮助我们自己很好地认识自己,可以积累人生的经验。树木受过伤的部位,往往变得最硬。人才成长也一样,经历逆境的伤痛和苦难之后,能磨砺出优良的个性。立志成才的青年如果能经历一段逆境的磨难为自己的人生"垫底",那么以后不管遇到什么意外和困苦之境遇,都能承受和应对。

名人名句

不经劫难磨炼的超脱是轻佻的。
——傅雷

逆境的一个重要价值,就是使人学会驾驭自己的个性,适度地张扬自己的个性,而不沦为个性的奴隶,并消除个性中的不良倾向,使人成为一个自身发展和谐的、与社会相融的有用之才。

在人生的发展中,顺境逆境是互相贯通的,是互相转化的。我们要心态平和面对顺境或是逆境,笑对百变人

第五课　发展变化与顺境逆境

生。顺境中不骄不躁，居安思危；逆境中心态积极，乐观面对。淡定从容，不因物喜，不以己悲。

我们要将逆境视为进步的阶梯，珍惜顺境的时机，为自己的发展创造更好的空间。

用辩证的观点看待人生问题，使自己拥有良好的心态，正确地面对自己，面对自己所经历的各种人生问题，这样我们才能走好人生的道路。

【活动建议】

1. 开展一次辩论会：顺境还是逆境有利于人的成长？

2. 趣味数学。

在印度有一个古老的传说：舍罕王打算奖赏国际象棋的发明人——宰相西萨·班·达依尔。国王问他想要什么，他对国王说："陛下，请您在这张棋盘的第1个小格里，赏给我1粒麦子，在第2个小格里给2粒，第3小格给4粒，以后每一小格都比前一小格加一倍。请您把这样摆满棋盘上所有的64格的麦粒，都赏给您的仆人吧！"国王觉得这要求太容易满足了，就命令给他这些麦粒。当人们把一袋一袋的麦子搬来开始计数时，国王才发现：就是把全印度甚至全世界的麦粒全拿来，也满足不了那位宰相的要求。

那么，宰相要求得到的麦粒到底有多少呢？总数为：

$1 + 2 + 4 + 8 + \cdots + 2^{63} = 2^{64} - 1$

第　第　第　第　　　第
1　 2　 3　 4　 …64
格　格　格　格　　　格

=18 446 744 073 709 551 615（粒）

人们估计，全世界两千年也难以生产这么多麦子！

动手算一算，感受量的积累产生的巨大力量。

第六课　矛盾观点与人生动力

20世纪初，在美国西部落基山脉的凯巴伯森林里生活着大约4 000只鹿。森林中的狼总是伺机捕杀这些鹿，当地的民众为了保护鹿，开展了打狼运动。最终人胜了狼，狼被赶尽杀绝。从此凯巴伯森林成了鹿的乐园。没了狼的捕杀，鹿的种群数量迅速增加，很快就超过十万只。但好景不长，鹿的大量繁殖，导致牧场严重破坏，再加之鹿的体质下降，疾病开始蔓延，大量的鹿死去。到1942年，凯巴伯森林只剩下8 000只病鹿。没了狼的鹿群渐渐地失去了生机，狼的存在对鹿来说起着重要的作用，可使鹿群保持生机、健康发展。后来，当地人又实施了"引狼入室"的计划，森林又出现了生机。狼和鹿之间的相生相克的关系，普遍地存在于自然界和人类社会中，是世界万物的存在形式，没有相生相克，世界将失去平衡，万物将不复存在，人类将无法生存。生与克这一对矛盾的互相转化，推动着自然万物和人类的进化与发展。

一、矛盾是事物自身发展的源动力

1. 矛盾的统一性和斗争性

名人名句

"天下皆知美之为美，斯恶已；皆知善之为善，斯不善已。故有无相

| 第六课　矛盾观点与人生动力 |

> 生，难易相成，长短相形，高下相倾，音声相和，前后相随。是以圣人处无为之事，行不言之教，万物作焉而不辞，生而不有，为而不恃，功成而弗居。夫唯不居，是以不去。""兵强则灭，木强则折。""祸兮福之所倚，福兮祸之所伏。"
> ——老子

世界上的一切事物都包含着既相互对立，又相互统一的两个方面。矛盾就是反映事物内部和事物之间对立和统一关系的哲学范畴，简言之，矛盾就是对立统一。矛盾的对立属性是斗争性，矛盾的统一属性是同一性，它们是矛盾所固有的两种基本属性。

矛盾的斗争性，是指矛盾双方相互排斥、相互对立的属性，它体现着对立双方相互分离的趋势，矛盾的斗争性是一个非常广泛的哲学范畴，它在内容上有着最大的普遍性和概括性，在形式上则有着无限多样性。哲学上的"斗争性"与我们生活中常提到的"斗争"是不同的。日常生活中我们提到"斗争"是矛盾"斗争性"的具体形式之一。哲学上的"斗争性"，包含一切的差异和对立。

矛盾的同一性，是矛盾的双方相互吸引、相互连结的属性和趋势。它包含两方面的含义：一是矛盾双方相互依赖，一方的存在以另一方的存在为前提，双方共处于一个统一体中；二是矛盾双方相互贯通，相互渗透、相互包含，在一定条件下可以相互转化。

哲理故事

塞翁失马

战国时期，靠近北部边城，住着一个老人，名叫塞翁。塞翁养了许多马，一天，他的马群中忽然有一匹走失了。邻居们听说这件事，跑来安慰，劝他不必太着急，年龄大了，多注意身体。塞翁见有人劝慰，笑了笑说：丢了一匹马损失不大，没准会带来什么福气呢。邻居听了塞翁的话，心里觉得很好笑。马丢了，明明是件坏事，他却认为也许是好事，显然是自我安慰而已。过了几天，丢失的马不仅自动返回家，还带回一匹匈奴的骏马。邻居听说了，对塞翁的预见非常佩服，向塞翁道贺说：还是您有远见，马不仅没有丢，还带回一匹好马，真是福气呀。塞翁听了邻人的祝贺，反而一点高兴的样子都没有，忧虑地说：白白得了一匹好马，不一定是什么福气，也许惹出什么麻烦来。邻居们以为他的故作姿态纯属老年人的狡猾。心里明明高兴，有意不说出来。塞翁有个独生子，非常喜欢骑马。他发现带回来的那匹马顾盼生姿、身长蹄大、嘶鸣嘹亮、剽悍神骏，一看就知道是匹好马。他每天都骑马出游，心中洋洋得意。一天，他高兴得有些过火，打马飞奔，一个趔趄，从马背上跌下来，摔断了腿。邻居听说，纷纷来慰问，塞翁说：没什么，腿摔断了却保住性命，或许是福气呢。邻居们觉得他又在胡言乱语。他们想不出，摔断腿会带来什么福气。

不久，匈奴兵大举入侵，青年人被应征入伍，塞翁的儿子因为摔断了腿，不能去当兵。入伍的青年都战死了，唯有塞翁的儿子保全了性命。

上面的小故事给我们什么启示呢？

2. 矛盾的普遍性和特殊性

矛盾的普遍性是指矛盾存在于一切事物中，存在于一切事物发展过程的始终，即所谓矛盾无处不在、无时不在,即处处有矛盾、时时有矛盾。普遍性是共性,是无条件的、绝对的。

名人名句

> 没有什么事物是不包含矛盾的,没有矛盾就没有世界。
>
> ——毛泽东

矛盾的特殊性指矛盾的性质、地位以及解决矛盾的具体形式各有其特点。它具体表现在:不同事物的矛盾具有不同的特点,同一事物的矛盾在不同发展阶段有不同的特点,事物矛盾双方各有其特点。特殊性是个性,是有条件的、相对的、暂时的。

家家有本难念的经

名人名句

> 有得必有失,有失必有得。所得既多,便是再增加也不觉得是欣喜,稍有所失,便惶惶恐恐;所失既多,就是再失,也不感到痛苦,稍有所获,便十分快乐。如此说来,得意何尝不是失意之由,失意又何尝不是得意之始呢?
>
> ——刘墉

我们要学会用矛盾的观点看问题:

坚持两点论和重点论的统一。在认识复杂事物的发展过程时,既要看到主要矛盾,又要看到次要矛盾;在认识某一矛盾时,既要看到矛盾的主要方面,又要看到矛盾的次要方面。坚持两点论就是在认识复杂事物的发展过程时,要着重把握主要矛盾,"牵牛要牵牛鼻子";在认识某一矛盾时要把握矛盾的主要方面,要抓主流。辩证法的两点论是有重点的两点论,而不是均衡论;重点论是看到两点中的重点,而不是一点论。

坚持具体问题具体分析。矛盾处处有，又处处有不同，要求我们学会具体问题具体分析。在面对矛盾的时候，既要明白矛盾的普遍，又要明白矛盾不仅普遍而且特殊，在看待问题的时候要把普遍性和特殊性相结合。在我们成长的道路上，我们希望自己有所成就，希望实现自己的梦想，那就一定要清楚地认识自己，我们不能复制别人的成功，模仿别人的模式。我们的身上都有着特殊的遗传密码，都带着家庭的印记，都有着不一样的经历。利用好我们自身的优势，找到一条适合自己的特色道路，千万不要让"他人模式"绑架你的头脑。

体会下面两句话的意思。

世界上没有两片完全相同的树叶。
世界上没有两片完全不同的树叶。

说一说下图中的毕业生到底该选哪家单位。

二、矛盾规律是唯物辩证法的实质

1. 事物发展的内外因原理

哲学上把事物内部的矛盾称为内因，把事物与其他事物间的矛盾称为外因。内外因共同作用，实现事物的发展。

内外因在事物发展的过程中所起的作用是不同的。内因是事物发展的根本原因，内部矛盾的双方相互依赖又相互斗争，斗争的结果是使双方的力量对比发生变化，从而推动着事物的发展。内因是事物发展的源泉，决定着事物发展的方向。

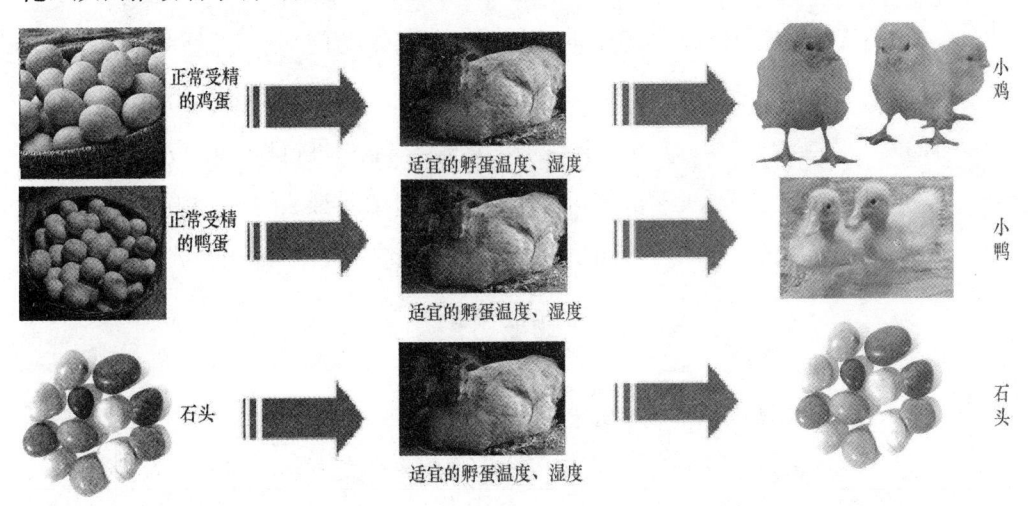

正常受精的鸡蛋 → 适宜的孵蛋温度、湿度 → 小鸡

正常受精的鸭蛋 → 适宜的孵蛋温度、湿度 → 小鸭

石头 → 适宜的孵蛋温度、湿度 → 石头

外因是事物发展的条件。任何事物的发展除具备内因之外，还须具备一定的外部条件。外部条件对事物的发展起到影响和制约的作用，能够推动或者阻碍事物的发展。

如图所示，关闭网吧就可以阻止学生上网吗？谈谈你的感受。

外因通过内因起作用。外因对事物发展的作用，表现在对事物内部矛盾双方的影响上，通过促使双方的变化而推动事物的发展变化。外因不能脱离内因而起作用。

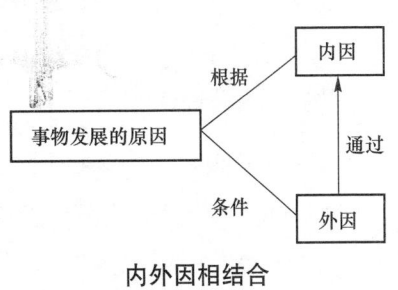

事物发展的原因 —— 根据 → 内因；条件 → 外因；外因 通过 内因

内外因相结合

2. 广泛运用对立统一规律

对立统一规律是唯物辩证法的根本规律，亦称对立面的统一和斗争的规律或矛盾规律。它揭示了社会和思想领域中的任何事物内部以及事物之间都包含着矛盾性，事物矛盾双方又统一又斗争，推动事物的运动、变化和发展。对立统一规律的内涵体现在：矛盾双方的同一性与斗争性；矛盾的普遍性与特殊性；事物发展过程中的矛盾以及矛盾双方发展的不平衡性。辩证法是解决一切矛盾的方法论。在辩证法的三大规律中，基本规律、核心规律是对立统一规律，其他两个规律都是对立统一规律的展开形式。

知识链接

辩证法三大规律，即对立统一规律、量变质变规律、否定之否定规律。

对立统一规律，又叫矛盾规律，是指事物内部或事物之间对立双方既互相依存又互相对立的关系。对立统一规律揭示了事物普遍联系的根本内容，阐明了事物发展的动力源泉，贯穿于辩证法的其他规律之中并支配其他规律。对立统一规律是唯物辩证法的实质和核心。

量变质变规律，又叫质量互变规律，它揭示事物发展的形式和状态。量变是指事物存在和发展在数量上的变化，质变是指事物根本性质的变化。事物的量变与质变既是相互区别，又是相互联系、相互转化的，量变是质变的前提和基础，质变是量变的趋势和结果。由量变到质变的数量界线就是度，度是质和量的统一。

否定之否定规律，又叫肯定和否定规律，它揭示事物发展的方向、道路和总趋势。当事物的肯定方面占主导地位时，事物保持自身质的稳定性处于量变阶段；当矛盾双方经过长期斗争，否定方面战胜肯定方面而占支配地位时，发生矛盾转化，量变也就转化为质变，标志着旧事物被新事物所取代。

人生要靠自身努力和外部条件相结合，个人的成长是内外因共同作用的结果，机体内在的新陈代谢、社会生活环境、自然环境等一起促成了我们的成长。个人的成功也是需要内外因共同作用的。个人自身的努力是内因，其他的条件是外因。要实现自身的发展，自身的努力是根本，同时还要依赖外在的条件来充实自己。人生

第六课　矛盾观点与人生动力

道路是自己慢慢走出来的，既要自身努力还要有外在条件的帮助。要防止两种错误倾向：

一种错误倾向是怨天尤人，无视自己的努力，把问题的原因推给别人。

另一种是自己主观不努力，完全依赖别人。

要坚持内外因相结合的观点，既重视内因的作用，又不忽视外因的影响。正确地认识自己的个性特点，审慎选择自己的人生道路，努力奋斗，顽强拼搏，不怨天尤人，不断充实和完善自己，去实现自己的梦想。

【活动建议】

1. 发现生活中的矛盾现象，谈谈这些矛盾给你的生活带来了什么。

2. 讨论手机使用的利与弊。

第三单元　坚持知行统一的观点 提高人生发展的能力

梁山好汉

《水浒传》全书描写北宋末年以宋江为首的108位好汉在梁山起义，以及聚义之后接受招安、四处征战的故事。梁山好汉们个个武艺高强、有勇有谋，其实力甚至一度能够与朝廷抗衡。然而，以宋江为代表的众好汉最终却选择了一条接受朝廷招安的道路，这个选择直接导致了故事最后的悲惨结局：108位好汉，死伤大半，宋江本人也被奸臣所毒害。

为何实力壮大后的梁山英雄们要选择接受招安这条路呢？一个人的行为到底是由什么决定的呢？当我们在人生中面临各种选择时，如何才能拨开重重迷雾，作出更加科学理性的抉择？

只有把认识与实践统一起来，在实践中自我提升，透过纷繁芜杂的社会现象，寻找世界的本质，并学会运用科学的思维方法，敢于创新、勇于探索，人生之路才会更加精彩！

第七课　知行统一与体验成功

今天，我们经常听到的一句话是，"实践是检验真理的唯一标准"。毛主席曾经用更通俗的语言说过这样一句话："你要知道梨子的滋味，你就得亲口吃一吃。"我们要真正地认识这个世界，首先就要坚持实践第一的观点，一切从实际出发，尊重实践。只有这样才能从根本上保证我们的思想和行动符合客观世界的规律，有效地改造世界。

一、在具体实践中提高能力

1. 实践和认识的辩证关系

（1）实践决定认识。

首先，实践是认识的来源。我们对这个世界所有的认识都是从实践开始的，我们的认识活动都是为了解决和完成实践提出的问题和任务而产生的，同时也是人类改造客观世界活动的需要。

由于每个人的生命和能力是有限的，不可能事事亲身实践，而且理论或认识本身也具有历史的继承性，所以一个人可以也应该通过读书或传授等方式来获取间接经验，这是发展人类认识的必要途径。但是间接经验归根到底也是来源于前人或他人的实践，而且人们接受间接经验也要或多或少地以某种直接经验即实践为基础，只有把间接经验和直接经验结合起来，才能有比较完全的知识。

第七课　知行统一与体验成功

名人名句

假若我能比别人瞭望得略为远些,那是因为我站在巨人们的肩膀上。

——牛顿

其次,实践是认识发展的动力。实践的发展不断地提出认识的新课题,推动着认识向前发展,并为认识发展提供必要的条件。一方面,实践的发展不断揭示客观世界的越来越多的特性,为解决认识上的新课题积累越来越丰富的经验材料;另一方面,实践又提供日益完备的物质手段,不断强化主体的认识能力。

"可上九天揽月,可下五洋捉鳖",毛泽东主席当年奋斗不息的豪迈诗意,今天已经变成现实。在太空,2013年6月11日17时38分,神舟十号载人飞船在酒泉卫星发射中心顺利升空。"神十"的成功发射,标志着中国载人航天工程进入应用阶段。从无人飞行到载人飞行,从一人一天到多人多天,从舱内实验到太空行走,从单船飞行到组合体稳定运行……中国已成功发射了10艘飞船、1个目标飞行器,5次把航天员送上太空。通过持续的不懈努力,我国的航天奇迹还会续写,中国正向着建设空间站的目标稳步迈进。在深海,"蛟龙"号载人潜水器到达7 062米深度,又创世界纪录,海试团队还将再接再厉。

再次,实践是检验认识是否具有真理性的标准。人用自己的思维模式在头脑中重建客体模型,并根据这个客体模型推导出应当具有的未知性质,然后再用实践加以检验,当理论预言与对客体的实践结果一致时,就证明头脑中精神重建的客体模型与客体自身相一致。

古希腊哲学家亚里士多德断言:"物体自由落下的速度和它的重量成正比,物体越重,下落速度越快。"一千多年来,人们一直把这个说法当成不可改变的真理,没有人敢怀疑它。可是二十多岁的伽利略却大胆地向亚里士多德的学说提出怀

第三单元　坚持知行统一的观点　提高人生发展的能力

疑。1989年的一天，在意大利比萨城的斜塔下，年轻的伽利略带了两个铁球，健步登上了50多米高的斜塔顶上。只见他两手各拿一个铁球（两个铁球大小一样，重量不等，一个是10磅重的实心球，一个是1磅重的空心球），同时张开两手：两个铁球平行下落，几乎同时落到地面上。实验的结果有力地证明了伽利略对亚里士多德的怀疑是有道理的，从而发现了自由落体定律，即在真空中不同重量的物体自由下落的速度是一样的。

看到了吗？从"最速曲线"上的不同位置出发，总能在同一时刻到达！

"自由落体"与"最速曲线"

最后，实践是认识的目的。认识从实验中来，最终还是要回到实践中去。认识活动的目的并不在于认识活动本身，而在于更好地改造客体，更有效地指导实践。认识指导实践、为实践服务的过程，即认识价值的实现过程。如果有了正确的理论，只是把它空谈一阵，束之高阁，并不实行，那么，这种理论再好也是没有实际意义的。

原著原文

行动是老子，知识是儿子，创造是孙子。　　——陶行知《三代》

总之，实践是认识的起点，也是认识的归宿，是全部认识的基础。实践的观点是马克思主义认识论的首要的和基本的观点。

（2）认识有反作用。

首先，人的实践活动不同于动物的本能活动，它是受意识支配的，实践的这种本质特性决定它不能离开认识的指导。因此，认识是实践不可缺少的重要因素，是区别人与动物的根本标志。

第七课　知行统一与体验成功

> **名人名句**

蜘蛛的活动与织工的活动相似，蜜蜂建筑蜂房的本领使人间的许多建筑师感到惭愧。但是，最蹩脚的建筑师从一开始就比最灵巧的蜜蜂高明的地方，是他在用蜂蜡建筑蜂房以前，已经在自己的头脑中把它建成了。　　——马克思

蜘蛛织网　　　　　　　　　蜜蜂筑巢

水立方和鸟巢

思考：试着比较一下，动物的精巧"建筑"与人类的精巧建筑之间的区别。

其次，认识活动及其成果具有相对独立性，遵循其特有的活动方式和发展规律，它一经形成，便能反作用于实践。

原子物理学及核物理学的诞生，创造了核动力技术；化学结构理论的问世，开创了化学合成工业的新时代；环境科学和生态科学的出现，使人类由破坏性生产转入可持续性生产。在社会历史运动中，科学理论对实践的指导作用更为显著。共产

主义运动由在欧洲大陆徘徊的一个幽灵到社会主义制度的建立，正是共产主义理论指导的结果。自十一届三中全会以来，我国社会主义革命和社会主义建设所取得的辉煌成就，同样也离不开邓小平建设有中国特色社会主义理论的指导。现代社会的发展、人们的实践活动在越来越大的规模和程度上依赖科学理论的指导。

核动力技术

化学合成工业

可持续性生产

再次，认识对实践的指导作用表现在许多方面：认识可以使主体了解、把握主体和客体及其相互作用的规律性，指导主体自觉地按照客观规律去从事改造世界的活动；认识可以使主体在实践活动之前，确定既符合自身需要、又符合客观实际的目标、方案、步骤和措施，对实践活动作出预测和规划；认识可以使主体根据变化了的情况及时调节自己的行动，指导主体选择实现目的的最佳行为方式；认识可以指导主体将局部经验上升为理论；认识还可以使主体实现对自身的认识，并自觉调整自己的活动，以适应改造客体的需要。

最后，认识反作用于实践有两种情况：一是正确的认识指导实践，会使实践顺利进行，达到预期的效果；二是当错误的认识指导实践时，就会对实践产生消极的乃至破坏性的作用，使实践失败。

2. 在社会实践中提升自我

（1）理论联系实际。

古人云"读万卷书，行万里路"，"读万卷书"是指应该全面吸收书本知识，使自己具有渊博、扎实的文化素养；"行万里路"是指不能单纯地沉迷于书本，还必须广泛了解、认识和接触社会，并把书本知识应用于社会实践。中职生要健康发展，就既要重视书本知识，又要重视社会实践，或者说必须注重理论与实践的有机结合。

哲理故事

纸上谈兵

战国时期，赵国大将赵奢曾以少胜多，大败入侵的秦军，被赵惠文王提拔为上卿。他有一个儿子叫赵括，从小熟读兵书，张口爱谈军事，别人往往说不过他。因此很骄傲，自以为天下无敌。然而赵奢却很替他担忧，认为他不过是纸上谈兵，并且说："将来赵国不用他为将则罢，如果用他为将，他一定会使赵军遭受失败。"果然，公元前259年，秦军又来犯，赵军在长平（今山西高平县附近）坚持抗敌。那时赵奢已经去世。廉颇负责指挥全军，他年纪虽高，打仗仍然很有办法，使得秦军无法取胜。秦国知道拖下去于己不利，就施行了反间计，派人到赵国散布"秦军最害怕赵奢的儿子赵括将军"的话。赵王上当受骗，派赵括替代了廉颇。赵括自认为很会打仗，死搬兵书上的条文，到长平后完全改变了廉颇的作战方案，结果四十多万赵军尽被歼灭，他自己也被秦军箭射身亡。

（2）社会实践展示。

实践出真知。无论是一个国家的梦想，还是一个人的理想，都需要我们用汗水和行动来浇筑。中职生要健康成长，必须注重理论与实践的有机结合，既要重视书本科学知识，又要积极参加社会实践。中职生实践活动既有在校内教师指导下的模拟实践活动；又有在课余时间或假期举行的各种主题的校外实践；还有以专业为依托进行的各种技能大赛或顶岗实习，诸如此类的专业实践。

二、把知行统一观贯穿人生

1. 唯物辩证的认识论

人在社会实践基础上形成认识，是一个辩证的发展过程。首先，认识具有反复性。从认识的主体来看，人们对客观事物的认识总要受到具体的实践水平的限制，还会受到不同的立场、观点、方法、知识水平、思维能力、生理素质等条件的限制。从认识的客体来看，客观事物是复杂的、变化着的，其本质的暴露和展现也有一个过程。这就决定了人们对一个事物的正确认识往往要经过从实践到认识、再从认识到实践的多次反复才能完成。

中国登陆火星计划总设计师吴伟仁自信地对英国广播公司记者说:"我们将进入火星轨道、登陆火星并部署一辆火星车——所有这些都在一次任务中完成。"登陆火星的"实践"将会使人们更深入地"认识"火星。

其次,认识具有无限性。认识的对象是无限的变化着的物质世界,作为认识主体的人类是世代延续的,作为认识基础的社会实践是不断发展的,因此,人类认识是无限发展的。但认识运动的反复性和无限性,并不表明它是一种圆圈式的循环运动,相反,从实践到认识、从认识到实践的循环是一种波浪式的前进或螺旋式的上升。

名人名句

实践、认识、再实践、再认识,这种形式,循环往复以至无穷,而实践和认识之每一循环的内容,都比较地进到了高一级的程度。　　——毛泽东

2. 知行统一引导成功

(1) 知行统一观内容。

小故事

曹利辉成才的事迹

1997年,20岁的曹利辉从技校毕业后,满怀憧憬地参加了沪杭高速公路工程建设,在工地从事测量工作。他没有多高的学历,更不是什么大牌专家,却先后在获得"北京市结构长城杯金奖""詹天佑土木工程奖"和"中国建筑工程鲁班奖"的名牌工程中挑大梁。

曹立辉自费购买大量有关测绘知识的理论书籍,每天只要有空余时间,就会一头扎进书本里。有时为弄懂一个难题,他常常熬到凌晨一两点钟,14年间,他记下的读书笔记有半人高。2009年,

他靠自学取得了石家庄铁道大学铁道工程专业大专文凭。2010年5月，他被中铁四局破格晋升为测量工高级技师。

参加工作以来，他先后提出施工设计变更20余次，解决技术难题100多项。为企业创造和节约价值2 000多万元，并先后带出了十几名测量高手，在企业各个项目担当大梁。凭着骨子里的韧劲努力钻研，他成功地"测绘"出了一条通往"高技能"、"专家型"人生的轨迹。

曹利辉成才的事迹对我们中职学生追寻人生成功有什么启示？

普通工人通过努力钻研学习，一样成为国家的栋梁之材。结合曹利辉的事迹，谈谈你对坚持实践和认识统一观点的理解。

托之空言，不如见之实行。中职生追寻人生成功，努力学习理论知识，练好技能本领，落小落细的根本目的，就在于落实。于实处用力，从知行统一上下功夫。"实言实行实心，无不孚人之理。"做到愈是抽象理念，愈加需要具体落实；愈是知易行难，愈加需要踏实践行。努力在实践中锻炼能力，增长才干。

原著原文

讷于言而敏于行。　　　　　　　　　　——孔子《论语·里仁》

士虽有学，而行为本焉。　　　　　　　——墨子《墨子·修身》

"文明"与"和谐"这两个词我们在日常生活或学习中经常接触到，对广大同学来说也并不陌生。但是每天许多不文明的现象仍然在我们身边发生，如：闯红灯、上车不排队等。虽然我们每个人都知道这种现象是不文明的，然而我们却常常因为种种原因做出不文明的举动。我们如何才能做到知行合一呢？

第七课 知行统一与体验成功

（2）正视成功与失败。

古人云："人生在世不如意事十之八九。"可见，每个人都有遇到挫折的时候。然而，面对挫折，有些人被打败，并且从此一蹶不振，但是有些人在一次次的失败后依然迎难而上，最终获得了成功。

> **小故事**
>
> **林肯的竞选事迹**
>
> 1832年，林肯失业了，这显然使他很伤心，但他下定决心要当政治家，当州议员。糟糕的是，他竞选失败了。在一年里遭受两次打击，这对他来说无疑是痛苦的。接着，林肯着手自己开办企业，可一年不到，这家企业又倒闭了。在以后的17年间，他不得不为偿还企业倒闭时所欠的债务而到处奔波，历经磨难。随后，林肯再一次决定参加竞选州议员，这次他成功了。他内心萌发了一丝希望，认为自己的生活有了转机："可能我可以成功了！"1835年，他订婚了。但离结婚的日子还差几个月的时候，未婚妻不幸去世。这对他精神上的打击实在太大了，他心力交瘁，数月卧床不起。1836年，他得了精神衰弱症。1838年，林肯觉得身体良好，于是决定竞选州议会议长，可他失败了。1843年，他又参加竞选美国国会议员，但这次仍然没有成功。林肯虽然一次次地尝试，但却是一次次地遭受失败：企业倒闭、情人去世、竞选败北。要是你碰到这一切，你会不会放弃，放弃这些对你来说是重要的事情？林肯没有放弃，他也没有说"要是失败会怎样"。1846年，他又一次参加竞选国会议员，最后终于当选了。1860年，他当选为美国总统。

第三单元　坚持知行统一的观点　提高人生发展的能力

正确对待失败，才能走向成功。人非圣贤，孰能无过。失败的确很令人沮丧，但有人从此以后却丧失了信心，迷失了方向，陷入了更大的失败中。也有人看到了成功的希望，坚持不懈地努力追求，最后步入了成功的殿堂。其实，从某种角度说，失败并不可怕，可怕的是不敢面对失败。

合理规划目标，才能走向成功。心理学家研究表明：当人们的行动有了明确的目标时，如果能把行动与目标不断地加以对照，进而清楚地知道自己的前进速度与目标之间的距离，人们行动的动机就会得到维持和加强，就会自觉地克服一切困难，努力达到目标。作为学生的我们踏踏实实地，每前进一步、达到一个小目标，就会体验到"成功的感觉"，而这种"感觉"将增强我们的自信心，并将推动我们发挥潜能达到下一个目标。

相关链接

山田本一的经验

日本有一名不见经传的长跑选手山田本一，在两次国际马拉松邀请赛中都夺取了世界冠军。他谈到成功的经验时说：每次比赛前，我都要乘车把比赛的路线仔细地看一遍，并把沿途比较醒目的标志画下来，比如第一个标志是银行；第二个标志是一棵大树；第三个标志是一座房子……这样一直画到赛程的终点。比赛开始后，就以银行为目标向前赶，然后带着完成第一目标的喜悦心情冲向第二个目标，过了第二个目标，又以成功者的心情冲向第三个目标。就这样，四十几公里的赛程，被喜悦的心情冲淡了人的疲劳，被分解成几个小目标轻松地完成了。

践行知行统一，才能走向成功。一方面必须努力学习各方面的知识，提高自身的各种能力，树立终生学习的科学观念；另一方面必须积极参加社会实践，在实践中不断探索、及时总结人生发展过程中成功和失败的经验教训，在知行统一中体验成功的快乐。

第七课　知行统一与体验成功

【活动建议】

1．心理测试题：你的耐挫力如何

挫折，是一种消极的心理状态，它是人们在为实现预定的目标采取的行动受到阻碍而不能克服时，所产生的一种紧张心理和情绪反应。要知道，人的一生不可能事事一帆风顺、青云直上，其间会遭到各种各样的困难和失败。每个人都有自己的远大理想，但客观现实又是不同于理想的，在追求理想中一定会遇到很多困难，很容易产生挫折感。很多人在遭挫折之后产生巨大的心理落差而不能自制和自拔。所以，如何对待挫折，是对每个人的严峻考验。

请在下列10道题中A、B、C三个答案中，选出最适合自己的一项。

（1）有十分令人担心的事时，你会＿＿＿＿

　　A．无法工作　　　　B．照常工作　　　　C．二者之间

（2）碰到讨厌的对手时，你会＿＿＿＿

　　A．无法应付　　　　B．应付自如　　　　C．两者之间

（3）遇上难题时，你会＿＿＿＿

　　A．失去信心　　　　B．动脑筋解决问题　　C．两者之间

（4）当困难落到自己头上时，你会＿＿＿＿

　　A．嫌弃和厌恶

　　B．认为是锻炼自己的好机会

　　C．兼而有之

（5）产生自卑感时，你会＿＿＿＿

　　A．不想再干工作　　B．振奋精神去干工作　C．介于两者之间

（6）当领导给你很困难的任务时，你会＿＿＿＿

　　A．顶回去了事

　　B．想一切办法完成

　　C．顶一会儿再去干好

（7）当工作条件恶劣时，你会＿＿＿＿

　　A．无法干好工作　　B．克服困难干好工作　C．介于二者之间

（8）工作中感到疲劳时，你会_____

  A．总想着疲劳，脑子不好

  B．休息一会儿，忘了疲劳

  C．介于两者之间

（9）当你遇上难题时，你会_____

  A．失去信心   B．动脑筋解决问题 C．介于两者之间

（10）当你面临失败时，你会_____

  A．破罐子破摔   B．将失败变为成功 C．随机应变

测试评分：

计分标准：选A为0分，选B为2分，选C为1分，将所得分数相加。

17分及以上：说明你抗挫折能力很强，能抵抗失败和挫折。

10～16分：你虽有一定的抗挫折能力，但对某些较大的打击依然难以抗衡，须加强心理素质的锻炼。

9分及以下：你的抗挫折能力急需提高，甚至一些细小的挫折就能让你消沉半天。

2．利用周末或假期，打一份短工，或者参加志愿者、义工活动。

3．利用所学知识，谈谈并初步分析一下自己人生中的成功与失败。

第八课　现象本质与明辨是非

  常言道：耳听为虚，眼见为实。可是，亲眼所见的一定是事实吗？或许有的时候眼睛也会欺骗你呢？人们常说"会看的看门道，不会看的看热闹"，这里的"热闹"和"门道"，从哲学上讲分别是"现象"和"本质"。所谓的现象是事物的表面特征和外部联系，是易逝多变、个别具体的，是能被我们的感官或借助仪器观察

第八课 现象本质与明辨是非

到的。所谓的本质是事物的根本性质和内部联系，是同类现象中一般的、共同的东西，只能靠抽象思维才能把握。

这些箭头看上去是弯曲的，但是事实上，它们是平行的。双向的箭头和强烈的颜色对比导致了这一视错觉效应。

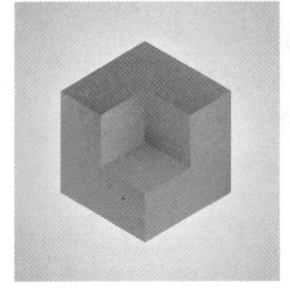

视角不同，你会发现黄色的六边形一会儿在蓝色六面体里面，一会儿又浮到了蓝色六面体前面。正如其他的视错觉图一样，视觉环境影响了你观看图片的方式。这一错觉图跟你的深层感知有关。因为你的大脑总是在尝试着找出真实的情况是什么，你对图片的解读也因此不断地发生着变化。

一、透过万千现象看透事物本质

1. 现象本质的辩证关系

现象和本质对立。现象和本质有明显的差别，现象是事物的外在方面，是表面的、多变的、丰富多彩的；本质是事物的内在方面，是深藏的、相对稳定的、比较深刻的、单纯的。因而现象是可以直接认识的，本质则只能间接地被认识。

现象和本质是相互统一、相互依存的。现象是本质的现象，本质是现象的本质。也就是说，本质只能通过现象表现出来，现象只能是本质的显现，他们之间是表现和被表现的关系。任何一方离开了另一方都是不能存在的，实际的存在总是现象与本质的对立统一。

两者是相互蕴涵的，在实际上也是相互包含的。本质寓于现象之中，这是非常明显的，因为现象是整体，本质是现象的一部分，固然是根本性的部分。反过来，本质也包含现象，因为现象尽管是多种多样的、纷繁复杂的，但毕竟是由本质决定的，早已潜在地包含于本质之中。

现象与本质是可以相互转化的。本质变现象应理解为本质表现为现象。某一具

体的人无疑是本质与现象的统一体，但其本质也在不断地表现出来，即不断转变为现象。现象与本质的相互转化，正是感性认识与理性认识相互转化的客观基础。

2. 掌握分析现象的方法

（1）不拘于表面现象。

俗话说，"人不可貌相，海水不可斗量"。相貌丑陋的贝多芬，拥有最美妙的音乐天赋；身材矮小的拿破仑是一位军事天才，成为法兰西第一帝国皇帝。苹果熟了，从树上掉下来，这是日常生活当中再平常不过的现象了。然而牛顿却由此引发了"为什么苹果不飞上天而落到地上"的联想，并因此深入地研究、推理，最终发现了著名的万有引力定律。苹果落地这一现象的产生，其本质是万有引力的吸引而造成的。古代，人们看见自己生活的土地四四方方，而太阳却是东升西落。由此现象而产生了"天圆地方"的假说。麦哲伦环球旅行之后，人们才真正意识到，地球是圆的，是一个球体。原来，"天圆地方"的表象是错误的，而地球是一个球体才是本质。这些例子都说明，如果我们仅仅拘泥于事物的表面现象，那么我们就无法获得对事物的本质认识。现象层面的认识对人生的指导作用是比较有限的。

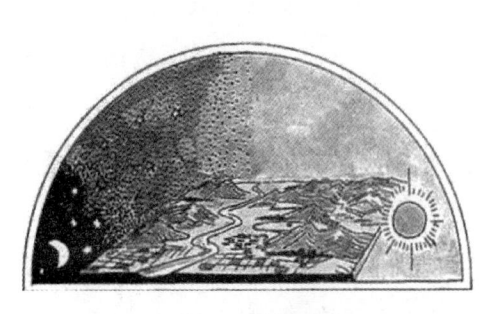

天圆地方的假象 　　　　　　　　地球是球体

（2）透过现象看本质。

20世纪30年代的一天早上，美国佛罗里达州的一小片橘园的树枝上挂满了白

雪。那几天天气都十分晴朗，哪来的雪呢？有一工程师非常仔细，发现那一天晚上管水员忘记将这片橘园的喷水管关了，正好遇到特冷的空气，喷上去的水就变成雪落了下来。这件事不胫而走，被滑雪教练知道了，就制造出造雪机。看到的下雪是现象，掌握下雪的原理、规律是掌握了本质。滑雪教练就是透过现象看到了事物的本质。

人们总是通过现象认识到事物的本质，这是人们认识事物的一般规律。这就给人们的学习提供了科学的方法论。人认识事物，不可能先去认识事物的本质而后去认识事物的现象，无论是自然科学还是社会科学，都是先认识一些纷繁复杂的现象再去探究它的本质。

通过现象看本质是科学的认识方法，应用这一基本方法的时候，要注意以下几点：第一，通过现象看本质。要求学习者注重现实体验，本质和现象是对立统一的，通过对现象的一系列体验，形成感性认识，再从感性认识上升到理性认识，即通过现象看本质。第二，要揭示事物的本质，必须从实际材料出发，不能脱离现象而凭空把握事物的本质，要深入实际，调查研究，认真观察，仔细分析，把握本质。第三，克服经验主义和教条主义。经验主义就是不从本质规律出发，凭经验去做事情；教条主义就是不顾事物的发展变化，用死的教条来处理事情，两者都是违背科学方法论的做法。

你能列举生活中的经验主义和教条主义的错误例子吗？

第三单元　坚持知行统一的观点　提高人生发展的能力

哲理故事

经验主义

　　一头驴子驮着两大包盐过河。重重的盐把它压得头昏眼花。恰好又来到一条河边，过河的时候，它一不小心倒在了水里，使劲挣扎了半天，也没有能够站起来。它绝望了，索性躺在水里休息起来。过了一段时间，驴子感到背上那重重的盐越来越轻，最后，竟毫不费力地站了起来。驴子高兴极了，为自己获得了一个宝贵的经验而庆幸。后来，又有一次，它驮着两大包棉花走在路上。走到河边，突然想起了上次过河时的情景，我何不使自己背上的棉花也变得轻一些呢？它想。于是，它特意倒下身去，像上次那样躺在水里一动不动。过了一会儿，它想背上的棉花一定变轻了，便要站起来，但再也站不起来了。

教条主义

　　郑国有一个人，准备到集市上去买一双新鞋，去集市之前，在家先用一根小绳量好了自己脚的长短尺寸，随手将小绳放在座位上，起身就出门了。来到集市，这个郑国人径直走到鞋铺前，里面有各式各样的鞋子。郑国人让掌柜的拿了几双鞋，他左挑右选，最后选中了一双自己觉得满意的鞋子。他正准备掏出小绳，用事先量好的尺码来比一比新鞋的大小，忽然想起小绳被搁在家里忘记带来。于是他放下鞋子赶紧回家去。他急急忙忙地返回家中，拿了小绳又急急忙忙赶往集市。尽管他快跑慢跑，还是花了差不多两个时辰。等他到了集市，太阳快下山了。集市上的小贩都收了摊，鞋铺已经关门。他没买成鞋。有几个人围过来，知道情况后问他："买鞋时为什么不用你的脚去穿一下，试试鞋的大小呢？"他回答说："那可不成，量的尺码才可靠，我的脚是不可靠的。我宁可相信尺码，也不相信自己的脚。"

二、擦亮智慧双眼明辨人生是非

1. 事物表象的复杂多样性

（1）真象与假象的区别。

　　有人说："眼见为实，耳听为虚。"也有人说："不要相信你的眼睛，你的眼睛也会欺骗你。要相信你的大脑。"如何看待这两种截然不同的观点呢？这就需要我们分清真象与假象、假象与错觉的关系。

例如，苹果落地的现象，是真象。月亮在晚上发光的现象，是假象，月亮本身不发光，但皓月当空时，使人感到它是个能发光的天体。假象是不符合事物本质的表面现象，以否定的形式表现本质的现象。假象客观地存在于自然界和社会生活中，如海洋上空出现的"海市蜃楼"、动物受到刺激时的假死等。另外，社会生活中，人们还可以自觉地运用"制造假象""以假乱真"的手法来达到一定的目的，如声东击西、围魏救赵、作假检查、搞假报告等。

真象是从正面表现本质的现象。假象则是一种虚假的现象，它也是本质的一种表现，但却是本质在特定条件下的一种反面表现。假象的客观性根源于事物的本质自身以及复杂的外部条件，同一般现象一样，也是以事物的本质为根据，由本质所产生、决定的，是本质自身的规定和环节，而不是游离于本质之外主观附加的东西。有时假象和一般现象一样，是认识事物本质的必要环节，人们只有在掌握了大量现象，其中包括事物假象的基础上，才能从正反两方面完整地、深刻地把握事物的本质。

（2）现象未必表现本质。

任何事物的本质都要通过一定的现象表现出来，任何现象又都从某一特定的方面表现着事物的本质。在现实生活中，没有一个脱离现象的纯粹的本质，也没有一个脱离本质的纯粹的现象。现象和本质是构成客观对象统一的、不可分的两个方面。但是，现象毕竟只是个性化了的表面的东西，只有本质才能揭示贯穿于各个现象背后的内在联系。认识事物不应该满足于仅仅认识事物的现象，还要透过现象去认识事物的本质。认识事物本质是对事物认识的深化，只有认识了事物的本质，才能把不同事物区别开来，获得对事物的正确的认识。

2. 理性分析人生善恶是非

明辨是非是做人的基本要求。只有明辨是非、区分善恶、辨析真假，才能决定自己应该做什么、不应该做什么，才能抵制诱惑、扬善抑恶，做一个正直善良、遵纪守法的人。那么，中职学生怎样才能做到理性分析、明辨是非？

第三单元　坚持知行统一的观点　提高人生发展的能力

原著原文

> 慎思之，明辨之，笃行之。
>
> ——《礼记·中庸》

首先，要拥有正确的是非观。是非观是一个人得以安身立命的基石。高速发展的时代，让我们接受了更高的文化教育，享受了更先进的科技发明，我们每个成员也在随着社会的进步不断地完善自己、提升自己。可是，当你面对更加纷繁复杂的社会时，能否做到在是是非非中判断对错，不同流合污，不逾越道德底线，这似乎是我们每一个现代人应该思考的问题。

其次，不轻信别人的评论，不急于下定论。用自己的头脑去分析，不要受别人左右，别人的评论可能蒙蔽你的眼睛。很多事情有很多方面，你可能看到其中某一个方面，而没有看完整，不要急于下定论，给自己多一点观察和思考的时间。还应该学会换位思考。换一个角度考虑问题，可能得出完全不同的结论。只有这样才能理性分析，还原事物的本来面目。

最后，战胜自己，抵制诱惑。古往今来，不知有多少集体和个人，由于没能战胜诱惑而最终走向失败。轰轰烈烈的明末农民革命战争，在一片享乐声中迅速滑向低谷；梁山水泊大业，曾经谱写了一曲曲灼人心肝的动人篇章，却在封建忠君思想"招安"的引诱下走向末路；三国时的董卓、吕布父子，可谓勇猛无比，也在美色的诱惑下一步步迈入连环陷阱。而今又有几多"英才"，在创业时期的枪林弹雨中，冲锋陷阵、无所畏惧，却倒在成功之后"糖衣炮弹"的进攻之下，化神奇为腐朽。世界很精彩，人生中充满着诱惑，最难的莫过于抵制诱惑、战胜自我。

【活动建议】

1. 搜集自然界中小动物们的假死逃生法，并利用所学知识进行分析。

2. 分析《扁鹊见蔡桓公》的三次不同见面。

扁鹊进见蔡桓公，站了一会儿，扁鹊说："君王，您的皮肤间有点小病，不医治的话，恐怕要更厉害了。"桓侯说："我没有病。"扁鹊走后，桓侯毫不在乎地说："医生喜欢给没病的人治病，以此当作功名！"。过了十天扁鹊又去拜见桓侯，对桓侯说："君王，您的病已经到了肌肉里，不医治的话，会更加严重。"桓侯却不理睬他。扁鹊走后，桓侯又不高兴了。

过了十天，扁鹊再去拜见桓侯，对桓侯说："君王，您的病已经到了肠胃中，不医治的话，会更加严重。"桓侯又不理睬他。扁鹊走后，桓侯又不高兴了。

过了十天，扁鹊看到桓侯后转身就跑。桓侯特地派人去问他。扁鹊说："病在皮肤，是烫熨的力量所能达到的；病到了肌肉，是针灸的力量所能达到的；病到了肠胃里，是火剂汤的力量所能达到的；病到了骨髓里，那是司命所管的事，医药已经没有办法了。现在他的病已经到了骨髓，所以我不再说话了。"

过了五天，桓侯浑身疼痛，派人寻找扁鹊，扁鹊已经逃到秦国去了。于是桓侯就死去了。

3. 列举生活中所谓"挡不住的诱惑"，谈谈我们应该怎样面对诱惑、抵制诱惑，从而战胜自我的欲望。

第九课　科学思维与创新能力

人的一生是有限的，而知识的增长是无限的，要在有限的生命历程中掌握更多的知识，仅靠机械传授、被动接受是断然不行的。古人主张"授人以鱼，不如授人以渔"，这里的"渔"，实质上是指方法。掌握了正确的思维方法，我们的知识会变得更加丰富，我们的世界会变得更加精彩，我们的人生也会变得更加有趣。

一、运用科学的思维方法

1. 辩证思维的基本方法

（1）归纳和演绎。

归纳与演绎是人类思维从个别到一般，又由一般到个别的最常见的推理形式。归纳是从个别事实概括出一般结论的思维方法，是一种由个别性前提过渡到一般性结论的推理形式。其中，对某类事物的全部对象做出概括的推理方法叫做完全归纳法，而对某类事物的部分对象做出概括的推理方法叫做不完全归纳法。归纳法在我们认识世界的过程中起着十分重要的作用。许多的科学发现都是人们从大量的经验事实中间总结归纳出来的。

名人名句

从逻辑上来看，不完全归纳法存在着一个巨大的缺陷：我们无法穷尽所有的对象。因而，其所得出的所有的结论理论上都只是一个高概率的结论，

> 考察的对象越多，得出的结论的可靠性就越大。随着人类探索的领域不断拓展，很多现在看起来的真理或许都会被不断改写——而这，恰恰也是科学的价值之所在。
>
> ——黑格尔

例如，在生物学上，从鸡叫三遍天亮、牵牛花破晓开放、青蛙冬眠春醒、大雁秋天南飞春天北往等生物活动是按时间变化而进行的事实中，概括出生物活动具有时间上周期性节律的一般结论。这就是归纳推理的过程。

演绎是从一般概念、原理走向个别结论的思维方法，是由一般性原则推导个别结论的推理形式。当人们在实践中掌握了某个一般性原理之后，不需要对每件事都去亲自验证，就可以用演绎推理推导出个别结论。

练一练

下列推理都是正确的吗？

1. 所有的偶蹄目动物都是脊椎动物，牛是偶蹄目动物，所以牛都是脊椎动物。
2. 知识分子是劳动者，张三不是知识分子，所以张三不是劳动者。
3. 所有的偶蹄目动物都不是昆虫，牛是偶蹄目动物，所以牛不是昆虫。
4. 金属都是导电体，橡胶不是金属，所以橡胶不是导电体。
5. 羊不是肉食动物，而虎不是羊，所以虎不是肉食动物。

（2）分析和综合。

与归纳和演绎相比，分析和综合是一种更为深刻的思维方法。所谓分析，就是思维中把认识对象分解为各个部分、方面、要素，以便分别加以研究的思维方法。通过分析研究获得对事物更为本质的认识。

随着科学的发展，科学分析的方法日益增多，比如定性分析、定量分析、结构分析、比较分析、因果分析、数学分析等。春秋时代的老子就有关于分析的朴素思想，他认为对大而难的问题，应把它分解为若干个小而易的问题去认识和解决。

第三单元　坚持知行统一的观点　提高人生发展的能力

> **名人名句**
>
> 图难于其易，图大于其细。　　　　　　　　　　　　　　——老子

综合是同分析相对应的方法。综合通常被看作是在把整体分解为各个因素的基础上，再组合成一个整体的思维活动。它是从整体上把握事物的本质规律，是在思维中把对象的各个本质的方面按其内在联系有机地结合成一个统一的整体，而不是把各部分、各组成因素机械地凑合起来或装配在一起。科学上的重大发现无不是在分析的基础上进行综合从而得出来的。

生活中，类似的分析与综合的思维现象比比皆是。语文课上，在学习某一篇课文时，老师会从文章的结构、主题、线索、关键语句、思想感情等方面对文章进行分析，以帮助我们更好地掌握课文，这就运用了分析的思维方法。在老师分析的基础上，我们通过自己的理解，对文章形成新的整体上的把握，这就是综合的思维方法。

（3）抽象和具体。

抽象和具体是同分析和综合密切相关的思维方法，通过从具体到抽象，又从抽象到具体的过程，实现对事物的本质认识。

感性具体，就是人的感觉器官所得到的生动而具体的知觉表象。感性中的具体是人们认识的起点，它完整地反映了事物的外部形态，但还没有揭示出关于事物诸方面的本质规定及其相互关系，因此，要从感性具体上升到理性抽象。

理性抽象是通过分析把整体分解成各个部分，区分开必然的、本质的方面和偶然的、现象的方面，从中抽取出各个必然的、本质的因素，以达到对具体事物的某一本质方面的认识。这就是从具体到抽象的过程。但是要真正达到对具体事物的全面的、具体的认识，还必须运用综合的方法，把对事物各方面的本质的认识联系起来，形成关于统一的事物整体的认识，使抽象的规定在思维的具体中再现出来。这就是从抽象上升到具体。这种具体认识是多样性的统一，是事物自身各方面的矛盾组成的对立统一的整体在思维中的再现。

（4）逻辑和历史。

逻辑和历史相统一的方法同抽象和具体的方法又有内在关联。逻辑与历史的统一是辩证唯物主义认识论的基本原则，同时也是辩证思维的基本方法。

"逻辑的"这个范畴是指历史过程在思维形式中的概括反映，是历史的东西在理论思维中的再现。逻辑方法指的是舍弃研究对象历史发展过程中的细节和偶然因素等次要的东西，以概念、判断、推理等逻辑思维形式解释研究对象历史发展的本质和规律，从而建立起理论体系的思维方法。

"历史的"这个范畴包含着两方面的意义：一是指客观世界的历史发展过程；二是指反映客观世界的人类认识的历史发展过程，包括科学史、哲学史等。历史的方法指的是通过考察、描述研究对象的实际历史过程来揭示其发展规律的思维方法。

2. 现代科学思维方法群

科学思维就是用科学的方法进行思维，是科学方法在个体思维过程中的具体表现。简单地说，科学思维就是一种实证的思维方式，一种建立在事实和逻辑基础上的理性思考，具有客观性、普遍性、精确性、可检验性、逻辑性、发展性等特征。

现代科学思维方法是一个巨大的方法群，包括控制方法、信息方法、系统方法、结构—功能方法、模型化方法和理想化方法等，这些方法都丰富和深化了辩证思维及其方法。

（1）控制、信息、系统方法。

控制方法是研究技术装置、生物机体和人类组织等系统之中的控制和通信规律的科学。它研究生物体和机器以及各种不同基质系统的通讯和控制的过程，探讨它们共同具有的信息交换、反馈调节、自组织、自适应的原理和改善系统行为、使系统稳定运行的机制，从而形成了一大套适用于各门科学的概念、模型、原理和方法。信息方法是由美国数学家香农创立的，它是用概率论和数理统计方法，从量的方面来研究系统的信息如何获取、加工、处理、传输和控制的一门科学。系统方法，就是按照客观事物本身的系统性，把我们所要研究的对象放在系统的形式中加以考察的科学方法。

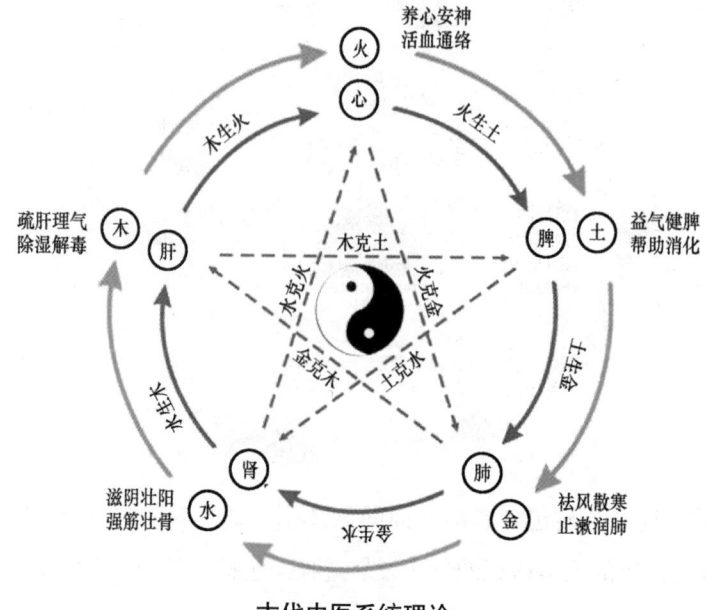

古代中医系统理论

（2）结构—功能、模型—仿真法。

结构功能论认为，任何一种文化现象，不论是抽象的社会现象（如社会制度、风俗习惯、思想道德等），还是具体的物质现象（如手杖、工具器皿等）都满足人类实际生活需要的作用，即具有一定的功能。它们中的每一个与其他现象互相关联、互相作用，都是整体中不可分割的一部分。模型—仿真方法就是预先设计一个与原型相似的模型，然后通过对模型的研究来揭示系统的特征和规律。

"蜻蜓"仿生全电扑翼机

二、培养正确的创新思维

1. 创新的哲学依据

（1）创新是民族进步的灵魂。

首先，创新推动了社会生产力的发展。创新更新了人们的生产工具和生产技术，提高了劳动者的素质，开辟出更广阔的劳动对象，推动了社会生产力的发展。其次，创新推动生产关系和社会制度的变革。实践基础上的理论创新是社会发展和变革的先导。通过理论创新推动制度创新，从而使社会制度发生变革。第三，创新推动人类思维和文化的发展。实践基础上的理论创新和理论指导下的实践创新，在推动科技发展的同时，也推动了思维和文化的发展。

名人名句

创新是一个民族进步的灵魂，是一个国家兴旺发达的不竭动力。

——江泽民

（2）辩证的否定观要求创新。

创新从哲学上说属于人的实践行为，是人类对于发现的再创造，是对于物质世界的矛盾再创造。人类通过对物质世界的再创造，制造新的矛盾关系，形成新的物质形态。辩证的否定观要求树立创新意识，不断实现创新，就必须具有批判性思维，解放思想、实事求是、与时俱进，敢于寻找新思路、树立新观念、开拓新境界。

知识链接

辩证的否定观包括如下三个方面的内容：辩证的否定是事物的自我否定，是事物发展的环节和联系的环节，其实质是扬弃。

辩证的否定观要求我们在对待传统文化和外来文化时要采取批判继承的态度。一方面要取其精华，吸收其中的合理成分，为我所用；另一方面，要弃其糟粕，批判、抛弃那些过时的、消极的、腐朽的成分。

2. 要提高创新能力

（1）学习科学思维。

科学思维，泛指符合认识规律、遵循逻辑规则、能够达到正确认识结果的思维，可以帮助我们正确地认识事物，把握事物的本质和规律，帮助我们提高面对新问题的能力，达到更好地改造世界的目的。

名人名句

各级领导干部要努力学习掌握科学的思维方法，归纳起来大致有六大思维方法，即辩证思维、系统思维、战略思维、法治思维、底线思维、精准思维。
——习近平

科学思维具有客观性、精确性、可检验性、预见性和普适性的特点，学习科学思维有利于我们自觉地遵守形式逻辑的要求，纠正逻辑错误，驳斥诡辩，捍卫真理；有利于我们正确运用辩证思维的方法，把握事物的本质和发展规律；有利于我们综合运用各种思维方法，面对新情况，解决新问题，从而有所发现、有所发明、有所创造，提升我们的思维品质与创新能力；有利于我们正确地看待思维定式的两重性，自觉地利用思维定式的优势，克服其负面影响，提高思维的效率。

（2）培养创新意识。

创新意识是指人们根据社会和个体生活发展的需要，引起创造前所未有的事物或观念的动机，并在创造活动中表现出的意向、愿望和设想。它是人类意识活动中的一种积极的、富有成果性的表现形式，是人们进行创造活动的出发点和内在动力，是创造性思维和创造力的前提。

【活动建议】

1. 经典逻辑思维训练

逻辑思维能力通过训练是可以提高的。但只有持之以恒的训练才能真正提高逻辑思维能力。

（1）世界级的马拉松选手每天跑步不超过6公里。因此，如果一名选手每天跑步超过6公里，它就不是一名世界级马拉松选手。

以下哪项与上文推理方法相同？

A．跳远运动员每天早晨跑步。如果早晨有人跑步，则他不是跳远运动员。

B．如果每日只睡4小时，对身体不利。研究表明，最有价值的睡眠都发生在入睡后第5小时。

C．家长和小孩做游戏时，小孩更高兴。因此，家长应该多做游戏。

D．如果某汽车早晨能起动，则晚上也可能起动。我们的车早晨通常能启动，同样，它晚上通常也能启动。

E．油漆三小时之内都不干。如果某涂料在三小时内干了，则不是油漆。

（2）19世纪有一位英国改革家说，每一个勤劳的农夫，都至少拥有两头牛。那些没有牛的，通常是好吃懒做的人。因此它的改革方式便是国家给每一个没有牛的农夫两头牛，这样整个国家就没有好吃懒做的人了。

这位改革家明显犯了一个逻辑错误。下列选项哪个与该错误相类似？

A．天下雨，地上湿。现在天不下雨，所以地也不湿。

B．这是一本好书，因为它的作者曾获诺贝尔奖。

C．你是一个犯过罪的人，有什么资格说我不懂哲学？

D．因为他躺在床上，所以他病了。

E．你说谎，所以我不相信你的话；因为我不相信你的话，所以你说谎。

（3）古代一位国王和他的张、王、李、赵、钱五位将军一同出外打猎，各人的箭上都刻有自己的姓氏。打猎中，一只鹿中箭倒下，但不知是何人所射。

张说："或者是我射中的，或者是李将军射中的。"

王说："不是钱将军射中的。"

李说："如果不是赵将军射中的，那么一定是王将军射中的。"

赵说："既不是我射中的，也不是王将军射中的。"

钱说："既不是李将军射中的，也不是张将军射中的。"

国王让人把射中鹿的箭拿来，看了看，说："你们五位将军的猜测，只有两个人的话是真的。"请根据国王的话，判定以下哪项是真的？

A．张将军射中此鹿。

B．王将军射中此鹿。

C．李将军射中此鹿。

D．赵将军射中此鹿。

E．钱将军射中此鹿。

2. 美国的小鱼胜大坝案例分析

材料一：美国曾经考虑过在一条河流上建大坝。建坝会影响一种小鱼的洄游，为了保护生物的多样性，最终放弃了大坝的修建。这就是著名的"小鱼胜大坝"的来历。

材料二：怒江是目前我国仅存的两条尚未开发的河流之一。怒江的鱼类资源中土著鱼种数量之高在全国少有，可以说，怒江是一个特殊的鱼类基因库。怒江峡谷曾经被誉为世界第二大峡谷，其自然景观颇为壮观。围绕着要不要在怒江上建坝，有关部门一直持谨慎态度，多次邀请生态、农业、林业、地质、地理、遗产保护、水利电力、环境科学、野生动植物保护及社会发展等方面的专家进行研讨。

（1）请分析"小鱼胜大坝"的故事所蕴含的辩证唯物论智慧。

（2）请运用联系的观点分析有关部门在怒江开发问题上持谨慎态度的原因。

3. 鞋子的推销案例

一家制鞋公司想开拓国外市场，公司总裁派一个推销员到非洲一个国家，让他了解一下能否向该国卖鞋。这个推销员到非洲后发回一封电报："这里人不穿鞋，没有市场。"

于是，总裁又派去另一名推销员。第二个推销员在非洲待了一个星期，然后发回一封电报："这里人不穿鞋，市场巨大。"

总裁还是不满意，又派了第三个推销员去。这个推销员到非洲后待了三个星期，发回一封电报："这里人不穿鞋，但有脚疾，需要鞋；过去不需要我们生产的鞋，因为我们的鞋太瘦，我们必须生产肥些的鞋。这里的部落首领不让我们做买卖，除非我们借助政府的力量和公关活动搞大市场营销。我们打开这个市场需要投入大约15万美元，这样我们每年能卖大约20万双鞋，在这里卖鞋可以赚钱，投资收益率约为15%。"

如果你是公司总裁，你会基本听取谁的意见？为什么？

第四单元 顺应历史发展趋势 树立崇高的人生理想

　　《红楼梦》通过描写四大家族由盛而衰的演变为我们展示了一幅封建社会末期个人命运、家庭动荡及社会发展相互交织、混为一体的全景图画，反映了当时社会生活中种种无法调和的矛盾，预示了封建社会不可挽回的历史规律。

　　历史规律是不可抗拒的。作为年轻一代，肩负实现社会主义现代化和中华民族复兴的历史巨任，应该如何把握规律性、发挥创造性，将个人理想与社会理想相结合，顺应时代发展的需要呢？

第四单元　顺应历史发展趋势　树立崇高的人生理想

第十课　历史规律与人生目标

"正泰文化大讲堂"第一期

在主题为"创业文化的温州实践与时代价值"的第一期"正泰文化大讲堂"上，正泰集团董事长南存辉表示，正泰文化是艰苦奋斗的创业文化，在中国"二次改革"的大背景下，正泰必须要永保创业精神才能不落伍，才能负起时代和社会赋予的责任。如何把握时代的发展，抓住发展的契机，在为社会创造财富的过程中实现个体的人生价值？

一、人生发展必须目标明确

名人名句

> 封建社会代替奴隶社会，资本主义代替封建主义，社会主义经历一个较长过程发展后必然代替资本主义。这是社会历史发展不可逆转的总趋势。
>
> ——邓小平

1. 社会历史规律特殊性的表现

人类创造了历史，这部人类历史的"大书"，又有其自身的客观规律。人类社会的历史就是人的自觉选择和创造活动在遵循客观规律基础上实现的过程。社会历史规律因为有了人类的因素，必然呈现出一些特有的性质。

（1）历史规律的特殊性。

人类社会的一切活动都带着人类的意识，社会发展规律是通过人的意识活动展现出来的。社会发展是群众合力的结果，个别人物对历史进程具有影响作用。社会发展会呈现出很多的偶然性，但偶然中却包含着社会发展的必然规律。

名人名句

就其现实性而言，历史不过是追求着自己目的的人的活动而已。

——马克思

（2）立足规律明确目标。

人生的发展必须融入社会的大潮中方能实现。人生目标的选择，必须符合社会发展的大势所趋。立足于社会发展的规律，明确自己的人生目标。是时势造就英雄，而不是英雄造就时势。

小故事

林奈是近代生物学、植物分类学的奠基人。17世纪后，随着科学技术的发展，博物学家搜集到大量的动物。1758年，在动物海螺研究中发现了水字螺、蜘蛛螺、千足凤凰螺、骆驼螺、绯袖凤凰螺、水晶凤凰螺、三齿凤凰螺、圆袖凤凰螺八个海螺科动物和植物化石等标本。在1600年，人们知道了约6 000种植物，而仅仅过去了100年，植物学家又发现了12 000个新种。到了18世纪，对生物物种进行科学的分类变得极为迫切。林奈正是生活在这一科学发展新时期的一位杰出的代表，是时代的需要和个人的人生目标有机结合的完美体现。

第四单元　顺应历史发展趋势　树立崇高的人生理想

> 18世纪生物学的进步是和林奈紧紧相连的。瑞典政府为纪念林奈这位杰出的科学家，先后建立了林奈博物馆、林奈植物园等，并于1917年成立了瑞典林奈学会。

2. 人生目标与历史规律的关系

个人的存在和发展离不开社会这一客观大环境，个人必将融入社会历史的大潮中，社会为每个人的发展提供条件和机会。个人要结合自身的特点，明确自己的人生目标，赋予自己一定的历史使命，抓住时代赋予的特殊机遇，勇于拼搏，才会成为命运的主人！

人生目标的作用：

明确人生目标，就有了人生前进的方向；

明确人生目标，就有了人生发展的动力；

明确人生目标，就有了人生成功的保障。

在中华民族悠久的历史长河中，有着灿若群星的杰出人物，他们为祖国历史的发展做出了突出的贡献。

请同学们打开记忆之门，完成下面人物传记。

姓名：禹
生活年代：传说时代
主要事迹：

姓名：孔子
生活年代：
主要事迹：

姓名：秦始皇
生活年代：战国、秦朝
主要事迹：

姓名：蔡伦
生活年代：
主要事迹：

注意：主要事迹或思想用最简短的一两句话概括即可。

社会发展的时代条件是个人发展的基础，每个时代的精英人物都是深谙此理的。把个人的梦想和时代特色相结合，顺应时代的要求，在具体的时代中展开自己的实践活动，这样才会成就自己的梦想。

（1）利用规律开展目标性的实践活动。人是社会的主体，总是带着某种目的而行动，人的活动总是表现出主动性的特征。人生发展目标的实现是在自觉遵守并利用规律的基础上通过实践活动开展的。

（2）历史规律制约人生目标的实践。人可以发挥主观的自觉性，通过有目的的生产实践活动利用自然规律和社会历史规律。但是，人们的实践活动要受到社会发展的物质条件的限制，受社会规律的制约。

社会历史本身就是人的自觉选择和创造性活动在顺应客观规律基础上的开展过程和必然结果。

> **小故事**
>
> ### 张瑞敏：没有成功的企业，只有时代的企业
>
> 海尔集团首席执行官张瑞敏在沃顿商学院全球论坛发表演讲，以海尔自身的转型试错为样本，探讨互联网时代的商业模式创新。在瞬息万变的互联网时代，海尔经历了从组织、战略到薪酬体系的全方位变革。一种亘古未有的崭新商业形态正在被创造。
>
> 所谓成功的企业，是因为踏准了时代的节拍，但是不可能永远踏准时代的节拍，因为我们是人，不是神。企业就像冲浪者，今天冲上这个浪尖，并不能保证明天还在浪尖上。举一个例子说，手机行业，摩托罗拉曾是手机业的老大，但它很快被诺基亚超越，原因就在于时代的变化，摩托罗拉是模拟时代的霸主，而诺基亚是抓住了数码时代的机遇。但是，诺基亚很快又被苹果所超越，因为苹果抓住了互联网时代的机遇。所以说，如果你跟不上时代，就会被淘汰，这是非常快的。特别是在互联网时代，我觉得这会是彻底的颠覆。
>
> 古希腊哲学家赫拉克利特曾说"人不能两次踏入同一条河流"，原因在于这条河流流得太快，而时代就是这么一条川流不息的河流，这也是为什么海尔一定要改变的一个很重要的原因。

第四单元 顺应历史发展趋势 树立崇高的人生理想

二、合乎规律方能实现目标

1. 社会历史发展的基本规律

人类为了能够"创造历史",首先要创造自己的生活。为了活着,就要解决衣食住行的问题,因此,人类的历史活动就是从满足这些基本的生存需要开始的。生产活动是人类存在和发展的基础,人们在生产的过程中会形成一定的生产方式。生产的方式决定了人和人之间的关系,决定着社会的性质。

名人名句

> 手推磨产生的是封建主的社会,蒸汽磨产生的是工业资本家的社会。
>
> ——马克思

在生产方式中,生产力是最活跃的因素。生产力是指人类改造自然的能力,集中体现在生产过程中所使用的工具上。生产力的状况决定了生产关系的性质,生产力的变化迟早会引起生产关系的变化。生产关系对生产力具有反作用。当生产关系适应生产力的时候,会推动生产力的发展;反之,则会阻碍生产力的发展。生产关系一定要适应生产力状况的规律,是人类社会发展中的基本规律。

社会生产力的时代变迁

时代	所用资源	创建的科学科技	创投的工具	扩展的能力	支持的社会生产力
古代	物质	材料科技	人工工具	体质	农业时代生产力
近代	物质+能源	材料科技+能量科技	动力工具	体力	工业时代生产力
现代	物质+能源+信息	材料科技+能量科技+信息	智能工具	智能	信息时代生产力

能结合自己的生活谈一谈生产力变化对我们生活的影响吗?

98

第十课　历史规律与人生目标

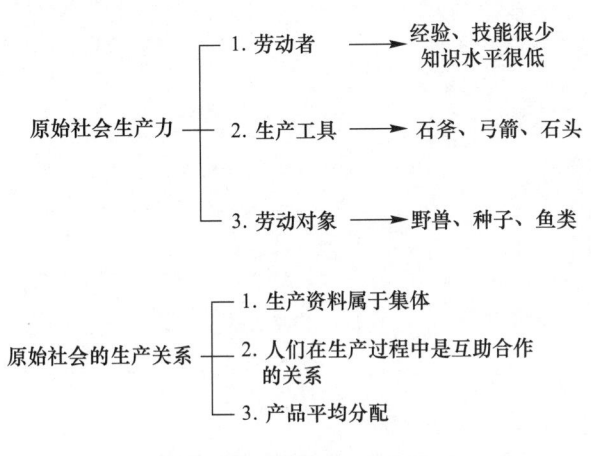

```
                          ┌─ 1. 劳动者 ──→ 经验、技能很少
                          │              知识水平很低
原始社会生产力 ────────────┼─ 2. 生产工具 ──→ 石斧、弓箭、石头
                          │
                          └─ 3. 劳动对象 ──→ 野兽、种子、鱼类


                          ┌─ 1. 生产资料属于集体
原始社会的生产关系 ────────┼─ 2. 人们在生产过程中是互助合作
                          │    的关系
                          └─ 3. 产品平均分配
```

原始社会的生产力与生产关系

原著原文

> 历史是这样创造的：最终的结果总是从许多单个的意志相互冲突中生产出来的，而其中每一个意志，又是由于许多特殊的生活条件，才成为它所成为的那样。这样就有无数互相交错的力量，有无数个力的平行四边形，由此就产生出一个合力，即历史结果，而这个结果又可以看做一个作为整体的、不自觉地和不自主地起着作用的力量的产物。……所以到目前为止的历史总是像一种自然过程一样地进行，而且实质上也是服从于同一运动规律的。
>
> ——摘自《马克思恩格斯选集》第4卷，第697页

生产关系的总和构成社会的经济基础。经济基础决定社会的政治、法律制度和设施，决定社会的各种思想观点和社会意识形态，即经济基础决定上层建筑。上层建筑反作用于经济基础，当上层建筑适应经济基础状况时，它便促进经济基础的巩固和发展；反之，则阻碍经济基础的发展和变革。

生产力和生产关系的矛盾、经济基础和上层建筑的矛盾，是贯穿人类社会始终的基本矛盾。生产关系一定要适应生产力状况的规律，上层建筑一定要适应经济基础状况的规律，是在任何社会都起作用的普遍规律。

第四单元　顺应历史发展趋势　树立崇高的人生理想

名人名句

物质生活的生产方式制约着整个社会生活、政治生活和精神生活的过程。

——马克思

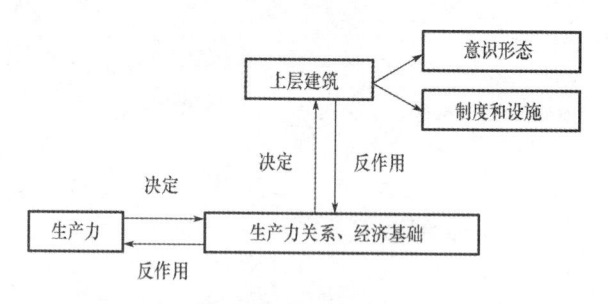

生产力与生产关系，经济基础与上层建筑

原著原文

封建社会代替奴隶社会，资本主义代替封建主义，社会主义经历一个长过程发展后必然代替资本主义。这是社会历史发展不可逆转的总趋势，但道路是曲折的。资本主义代替封建主义的几百年间，发生过多少次王朝复辟？所以，从一定意义上说，某种暂时的复辟也是难以完全避免的规律性现象。一些国家出现严重曲折，社会主义好像削弱了，但人民经受锻炼，从中吸取教训，将促使社会主义向着更加健康的方向发展。

——摘自《邓小平文选》第3卷，第383页

2. 实现人生目标的基本前提

社会历史的发展规律是客观的。在生产力和生产关系、经济基础和上层建筑的矛盾运动中，人类社会不断地向前发展，由低级到高级，这是历史发展的总趋势。但人类历史的发展并不会一帆风顺，会有倒退，会有反复，其过程是曲折的。

个人应该发挥主观能动性，把握规律，实现目标。人生目标的实现，需要我们把握历史发展规律，发挥聪明才智，在推动社会发展的过程中实现自身的发展。

第十课 历史规律与人生目标

首先，人生目标的选择要与国家的发展相适应。要实现人生目标，首先要了解社会发展的实际需要，以此来引领自己的目标选择。人生目标的选择总会带着时代的、国家的特色。

小故事

张勋复辟，是1917年6月，张勋利用黎元洪与段祺瑞的矛盾，率5 000"辫子兵"，借"调停"为名，于6月14日进北京。入京后，张勋急电各地清朝遗老进京，"襄赞复辟大业"。同月30日，他在清宫召开"御前会议"，并于7月1日撵走黎元洪，把12岁的溥仪抬出来宣布复辟，改称此年为"宣统九年"，通电全国改挂龙旗，自任首席内阁议政大臣，兼直隶总督、北洋大臣。康有为被封为"弼德院"副院长。这就是史家所称的"张勋复辟"或"丁巳复辟"。结果复辟仅12天破产。

张勋复辟虽然历时仅仅12天，但却是中华民国历史上一个极为重要的转折点。这场复辟直接导致段祺瑞的复出和皖系、直系两大军阀的崛起，更将民国以来的两大法统（孙中山和袁世凯）统统彻底打翻。此次复辟之后，北洋集团的利益分化更加明显，复辟后段祺瑞与冯国璋之间的兵戎相见，使得自民国成立以来的"总统府""国务院"之间的争执最终付诸武力。

其次，人生目标的实现需要我们认真分析主客观的条件。要清醒地了解自己的优势与不足、能力倾向、兴趣爱好，等等。要分析自己所处的客观环境，包括国际环境、国内环境、行业发展环境，以及个人的家庭环境，等等。切忌空高大，适合自己才是最好的，才是切实可行的。

| 第四单元　顺应历史发展趋势　树立崇高的人生理想 |

小故事

　　正泰集团股份有限公司始创于1984年7月，现有员工23 000余名，下辖8大专业公司、2 000多家国内销售中心和特约经销处，并在国外设有50多家销售机构，产品畅销世界90多个国家和地区。正泰集团是中国工业电器行业产销量最大的企业之一，综合实力连续多年名列中国民营企业500强前十位，年利税总额连续三年名列中国民营企业纳税百强前五名。"正泰"商标被认定为中国驰名商标，四大系列产品跻身"中国名牌"。

　　这个拥有几亿美元资产、目标是成为国际电气巨头的南存辉，当年初中没毕业就当上了小鞋匠。

　　三年修鞋虽没赚到什么钱，但使他懂得了诚实做人的道理，有质量便有市场。同时他也领悟到，一个人要想有所作为，必须重视从一件件的平凡小事做起，而且任何小事要做好都是不易的。

　　在20世纪80年代改革开放逐步推进的过程里，南存辉的老家温州柳市，一夜间遍布家庭电器作坊，被誉为"中国电器之都"。南存辉邀约了三位朋友，在柳市街上开起了电器柜台。从低压电器里最简单的信号按钮灯开始做，每天几乎都要忙到凌晨3点。第一个月下来，四位年轻人总共赚了35块钱。这个结果让他的三位朋友很沮丧，相反，南存辉却很高兴，钱虽不多，但却让他看到了前景和希望。

　　南存辉说过：有一条一定要记住，创业初期一定要做到，一定要学会选择，这个选择很重要，选对了行，你发展起来可能效果就会不一样。

　　最后，实现人生目标还需要详细规划，努力实践。人生规划好做，难的是实施，结合自己的实际，把计划分解为一个个小的目标，一步步实现，通过自己的努力，最终一定会实现。

第十课　历史规律与人生目标

> **小故事**
>
> 哈佛大学曾经进行了一个关于目标对人生影响的跟踪调查。他们在一群智力、年龄、学历、环境等客观条件都差不多的年轻人中调查发现：3%的人有十分清晰的长远目标，10%的人有清晰的短期目标，60%的人只有一些模糊的目标，27%的人根本没有目标。25年后，再次对他们做跟踪调查，结果令人十分吃惊！那3%的人全部成了社会各界的精英；那10%的人都是各专业、各领域的成功人士；那60%的人大部分生活在社会中下层，事业平平；那27%的人工作不稳定，过得很不如意。这个调查告诉人们，目标对人生有着巨大的导向性作用。因此，规划人生、确定人生目标是十分重要的。

【活动建议】

1. 学会制定正确的人生目标。

美国成功学大师安东尼·罗宾斯曾提出这样一个成功的万能公式：成功＝明确目标＋详细计划＋马上行动＋检查修正＋坚持到底。

在现实生活中，总有那么一些人，他们率性而为，想怎么样就怎么样，并且还潇洒地说："人活一次不容易，千万不要委屈了自己。"人真的可以这样率性而为吗？

人生即学问，生活即艺术。人活着不仅仅是本能，如何让生命活得更有意义是一门学问，如何让生命活得幸福更是一门艺术。

如何规划自己精彩的人生呢？首先要学会选择一条适合自己的道路：

一、人贵有自知之明。规划自己的人生，从了解自己开始。

在制定自己的人生规划时，必须准确地了解自己的兴趣、爱好、性格、脾气、能力、学识及潜质，看自己喜欢什么、适合什么、能胜任什么。

二、志当存高远。一个人的心胸有多宽，他生活的天地就有多广；一个人的志向有多高，他的能力就有多强；一个人的人生目标有多远，他的意志就能支持他走多久。根据祖国的需要、社会的发展，确立一个远大的志向。

三、目标宜明确。一个人仅有远大的志向还是不够的，还要根据社会的发展和自己的实际情况，确定一个切实可行的奋斗目标。目标有近期目标和远期目标之分。近期目标就是自己目前的奋斗目标，远期目标就是自己未来的奋斗目标。目标要具体，要有可行性。

四、拟定计划，落实措施。有了明确的目标后，还要围绕目标拟定一个切实可行的计划，制定出落实计划的具体措施。

五、随时调整自己，让自己的身心始终处于最佳状态。放松身心、放弃成见、放下执着，让自己的身心始终处于开放状态，随时准备接纳可能出现的一切。对于自然出现在自己面前的一切，不排斥、不拒绝、不轻信、不盲从，而是坦然地接纳它、剖析它、考察它，以善恶的标准判断它，然后消化它（取舍，放下）。得不喜，失不恼。

明确人生目标要注意：

（1）要确定实现目标的时间期限。

（2）确定的目标应切实可行。

（3）要把确定的目标用明确的词句清楚地表述出来。

（4）要把确定目标所需的条件列出来。

（5）要确定不同目标的重要性，衡量后制定先后顺序。

2. 我国近几年"海归"人数呈逐年上升态势，由此体会怎样把个人目标与国家发展紧相连。

第十一课　社会理想与个人理想

"来到这个世界，几万亿个游离的原子不得不以某种方式聚集在一起，以复杂而又奇特的方式创造了你。要是你拿起一把镊子，把原子一个一个从你身上夹下来，你就会变成一大堆细微的原子尘土，其中哪个原子也未曾有过生命，而它们又都曾是你的组成部分。然而，在你的生存期间，它们都担负着同一个任务：使你成

为你。"——《万物简史》

在人生的三万多天里,组成你自己的所有原子都在默默地工作,彼此间默契配合,默默地付出,默默地死去。我们要赋予这神奇的生命以怎样的意义呢?

一、个人理想和社会理想的关系

1. 个人理想和社会理想的区别

(1)个人理想是指个人在物质生活、精神生活、道德情操和职业等方面的追求和向往。社会中的每一个人都扮演着不同的角色,生活中有不同领域的追求,因此,个人理想包括生活理想、道德理想、职业理想和政治理想等。

个人理想中,生活理想是个人对未来一定生活方式、生活水平的向往和追求;道德理想是个人对做人的标准和道德境界的向往和追求;职业理想是个人对未来所从事职业的向往和追求;政治理想是个人在国家管理和自身仕途方面的向往和追求。

哲理故事

从前,有两个饥饿的人得到了一位长者的恩赐:一根鱼竿和一篓鲜活硕大的鱼。其中,一个人要了一篓鱼,另一个人要了一根鱼竿,于是他们分道扬镳了。得到鱼的人原地就用干柴搭起篝火煮起了鱼,他狼吞虎咽,还没有品出鲜鱼的肉香,转瞬间,就连鱼带汤吃了个精光,不久,他便饿死在空空的鱼篓旁。另一个人则提着鱼竿继续忍饥挨饿,一步步艰难地向海边走去,可当他已经看到不远处那片蔚蓝色的海洋时,他浑身的最后一点力气也使完了,他也只能眼巴巴地带着无尽的遗憾撒手人寰。

又有两个饥饿的人,他们同样得到了长者恩赐的一根鱼竿和一篓鱼。只是他们并没有各奔东西,而是商定共同去找寻大海,他俩每次只煮一条鱼,他们经过遥远的跋涉,来到了海边,从此,两人开始了捕鱼为生的日子。几年后,他们盖起了房子,有了各自的家庭、子女,有了自己建造的渔船,过上了幸福安康的生活。

【感悟】一个人只顾眼前的利益,得到的终将是短暂的欢愉;一个人目标高远,但也要面对现实的生活。把理想和现实有机结合起来,才有可能成为一个成功之人。

个人理想的选择和确立不能仅从个人的主观喜好出发,一定要结合社会发展现状、时代特点等客观因素。

(2)社会理想是人们对未来美好社会制度的向往和追求。每个时代的人都会有自己的社会理想,并且一代代的人都在为自己的社会理想而奋斗着。我国现阶段全体人民的共同理想是把我国建设成为富强、民主、文明、和谐的社会主义国家。我国人民的这一理想是符合现阶段中国的实际国情,符合发展规律,符合广大人民的根本利益和共同愿望的。

第十一课　社会理想与个人理想

相关链接

党的十八大提出到2020年全面建成小康社会，主要包括：

（1）经济持续健康发展。实现国内生产总值和城乡居民收入比2010年翻一番。

（2）人民民主不断扩大。司法公信力不断提高，人权得到切实的尊重和保障。

（3）文化软实力显著增强。公民文明素质和社会文明程度明显提高，文化产品更加丰富。

（4）人民生活水平全面提高。教育现代化基本实现，就业更加充分，收入分配差距缩小，社会保障全民覆盖。

（5）资源节约型、环境友好型社会建设取得重大进展。资源循环利用体系初步建立、主要污染物排放总量显著减少，人居环境明显改善。

2. 个人理想和社会理想的辩证统一

（1）社会理想决定和制约着个人理想，个人理想的实现必须以一定社会条件为基础，个人理想的实现程度从根本上说是由社会理想决定的。

（2）社会理想以个人理想为基础，个人理想体现着一定的社会理想。个人只有把自身理想与社会理想相互融合才能最大限度地实现自身理想，当个人最大限度地实现了自身理想，也就是社会理想最大程度的实现。

名人名句

为中华之崛起而读书！　　　　　　　　　　　　　　——周恩来

青年学子们，要为实现祖国的伟大复兴努力读书。要自觉地把自己的个人理想和祖国的发展相融合，坚定实现中华民族伟大复兴的信念。立足于社会现实和个人自身现实，结合社会发展来规划自己的人生发展，使自己的人生发展紧扣时代的脉搏。

第四单元　顺应历史发展趋势　树立崇高的人生理想

二、正确处理理想与现实的关系

> **小故事**
>
> **布拉格——自强不息**
>
> 　　英国物理学家布拉格，小时候家里很穷，凭借着自己对梦想的不懈追求，通过顽强的努力，终于取得了很大的成就。而他曾经历的那段贫穷的岁月，成为日后激励他前进的动力。他在学校读书时，因为家里经济条件太差，父母无法给他买好看的衣服、舒适的鞋子，他常常是衣衫褴褛，拖着一双与他的脚很不相称的破旧皮鞋。但年幼的布拉格从不曾因为贫穷而感觉自己低人一等，他更没有埋怨过家里人不能给他提供优越的生活条件。那一双过大的皮鞋穿在他的脚上看起来十分可笑，但他却并不因此自卑。相反，他无比珍视这双鞋，因为它可以带给他无限的动力。原来这双鞋是他父亲寄给他的。家里穷，不能给他添置一双舒服、结实的鞋子，即便这一双旧皮鞋，还是父亲的。尽管父亲对此也充满愧疚之情，但他仍给儿子以殷切的希望、无与伦比的鼓励和强大的情感支持。父亲在给他的信中这样写道："……儿呀，真抱歉，但愿再过一二年，我的那双皮鞋，你穿在脚上不再大……我抱着这样的希望，你一旦有了成就，我将引以为荣，因为我的儿子是穿着我的破皮鞋努力奋斗成功的……"
>
> 　　这封寓意深刻、充满期望的信，一直像一股无形的力量，推着布拉格在科学的崎岖山路上，踏着荆棘前进。

1. 理想和现实的对立

（1）理想是人们对未来的憧憬和希望，鼓励着人们不断地追求和奋斗，具有能够实现的现实条件，经过奋斗是可以实现的。理想不等于幻想，幻想是创造想象的一种特殊方式，由个人愿望或者社会需要而引起，是一种指向未来的想象。有的幻想随着人类认识水平和实践能力的提高，有可能会转化为现实。

第十一课　社会理想与个人理想

（2）现实是人们生活在其中的实际情况。个人的生活条件，社会的进步程度、法治状况，自然环境，社会环境等因素共同构成人们生活的实际。现实中存在各种各样的矛盾，各种各样的缺陷。我们要学会接受现实的不完美、自己的不完美。

相关链接

对于理想和现实认识上的两大误区：

※ 以理想来否定现实。用理想的、未来的标准来要求现实，发现现实不符合理想后就会大失所望，甚至一蹶不振。长此以往，人信将会变得厌世或者悲观。

※ 以现实来否定理想。认为凡是现实的都是合理的，接受各种现实状况，无是非判断标准。对假丑恶现象无原则接受，不斗争，不愤怒。长此以往，人们将会变得世俗和崇尚个人主义。

2. 理想和现实的统一

哲理故事

养牛之道

我们旅行到乡间，看到一位老农把喂牛的草料铲到一间小茅屋的屋檐上，不免感到奇怪，于是就问道：

"老公公，你为什么不把喂牛的草放在地上，让它吃？"

老农说："这种草草质不好，我要是放在地上，它就不屑一顾；但是我放到让它勉强可够得着的屋檐上，它会努力去吃，直到把全部草料吃个精光。"

【感悟】人多半是生活在猜想和期盼中，如果你对自己的未来一览无遗，也许一切都会索然无味。

109

| 第四单元　顺应历史发展趋势　树立崇高的人生理想 |

（1）理想和现实是联系的、统一的。现实是理想的基础，孕育着理想，为理想的实现提供条件。

（2）在条件具备的情况下，理想会转变为现实。

理想和现实之间这种对立统一的关系推动着人们不断地去奋斗。为实现美好的理想，人们不断地奋斗。奋斗是人类实现理想的桥梁，人们要创造美好的生活，必须经过艰苦的努力和奋斗。对于心怀梦想的青年同学而言，这一点尤为重要，崇高的梦想如果没有脚踏实地的努力奋斗，都将是不切实际的空想。实现理想必须学会从点滴做起，从小事做起。

小故事

从中专生到"世界最具影响力科学家"

1976年，他出生在黑龙江省的一个偏远的农场，父母都是农场的普通职工，15岁的他初中毕业后考上了陕西的一所中专学习机械制造，然后进厂当工人。再后来，他做出了一个让当时所有人震惊的决定，在没有任何老师的指导下，要自学考试拿到本科文凭。

他说："15门课，我每次考4门课，我要把4门课分散在3个月时间之内，要把这4门课攻克了。"因为有的科目刚刚过及格线，所以高会军常笑说"自己拿到本科文凭真是幸运女神照顾"。之后，经过短暂的迷茫期，高会军再一次毅然调高目标，决定考研。但当时的高会军，高等数学只学过上册，英语的水平连普通高二都不如。经过半年的冲刺，几经周折，高会军考取了沈阳工业大学的研究生，最终以优异的成绩获得硕士学位。他再接再厉，一口气考上了哈工大的博士生。很快，他又远赴加拿大从事博士后研究，开始了新一轮的加速，并且于2007年以优异的成绩获得该校当年唯一的集拉姆博士后奖，光荣回国。

回国后的高会军，将全身所学投入到教育行业。十年来，他带领的团队，培养出了20多名博士生和众多研究生，后来都在各自的岗位上成为骨干。其团队研发的贴片机，不但是国内光机电一体化高端装备的代表产品，而且未来几年内有望改变我国贴片机完全依赖进口的现状。

高会军教授的经历，震惊了身边所有人。大家纷纷问，是什么支撑着他一直不断拼搏？他笑了笑说："我没有梦想着说哪一天，非得成为科学家什么的。当时其实想都不敢想，要我去说的话，一直在支撑着我的，是每一个节点的时候，都有阶段性目标。不光对这个阶段性目标非常清晰，而且我是下定决心，一定要实现这个目标……"

【活动建议】

1. 社会调查："五一劳模"在工作中是如何处理理想与现实的矛盾的？

2. 收集关于中国梦的资料，结合自己的梦想举行一次演讲比赛。

3. 寻找本校优秀毕业生交流或举办毕业生典型事迹报告会。

| 第四单元　顺应历史发展趋势　树立崇高的人生理想 |

第十二课　理想信念与意志责任

肯德基是世界最大的炸鸡快餐连锁企业，在世界各地拥有超过11 000家餐厅。这些餐厅遍及80多个国家，从中国的长城，直至巴黎繁华的闹市区、风景如画的索非亚市中心以及阳光明媚的波多黎各，都可见到以肯德基为标志的快餐厅。

这个在生命的终点开始走向辉煌的人就是哈伦德·桑德斯——肯德基的创始人。有一天邮递员送来了属于他的第一份社会保险支票，在这之前他还不会意识到自己老了。这份保险支票就好像在对他说，一辈子当中，轮到你击球时你都没能打中，现在，不用再打了，该是放弃、退休的时候了。这一张退休金支票，就像在不断地对他说："你老了!老了!……"那天，他身上的某种东西被激怒了，他又一次觉醒了，他用他的那一笔社会保险金创办的崭新事业。从肯塔基州到俄亥俄州，兜售炸鸡秘方，要求给老板和店员表演炸鸡。如果他们喜欢炸鸡，就卖给他们特许权，提供佐料，并教他们炸制方法。开始的时候，没有人相信他，饭店老板甚至觉得听这个怪老头胡诌简直是浪费时间。桑德斯的宣传工作做得很艰难，整整两年，他被拒绝了1 009次，终于在第1 010次走进一个饭店时，得到了一句"好吧"的回答。有了第一个人，就会有第二个人，在桑德斯的坚持之下，他的想法终于被越来越多的人接受了。而今，他的事业欣欣向荣。而他，也终于在88岁高龄时大获成功。

一、意志是理想实现的支撑

名人名句

古之立大事者，不惟有超世之才，亦必有坚忍不拔之志。

——苏轼《晁错论》

第十二课　理想信念与意志责任

1. 理想、信念与意志的辩证关系

哲理故事

他是一位穷困潦倒的青年，很久以前就失业了，可因为一无所长，他一直找不到合适的工作。

这天，他怀着殷切的希望来到了巴黎，来找父亲的一位旧日好友，希望他能帮自己找份谋生的差事。当时的他并没有意识到，对方帮他谋到的这份"差事"，居然成了他辉煌一生的起点。以下就是那个下午他与父亲的朋友之间的对话：

"你数学怎么样？精通吗？"父亲的朋友问。

青年摇摇头，表现出很难堪的样子。"历史怎么样？"对方又问道。

青年依旧不好意思地摇了摇头。"法律呢？法律你懂不懂？"对方口气中的希望依旧。不过青年的回答还是否定的。

接连问了七八个"怎么样""懂不懂"之后，父亲的朋友也得到了同样多的回答，但都是否定的。

"那你说说自己有什么优点吧。"对面的长者也许觉得再这么问下去也没有什么意义了，于是就换了一种方式。哪知青年依旧摇摇头，很腼腆地回答道："我，没什么优点。"

"唉！"父亲的朋友轻轻叹了一口气，"那你就先把自己的住址写下来吧，有了差事我好通知你。"

青年开始在纸上写自己的地址，写好后把纸条交给对方，那位老人便惊喜地拉住青年道："哎呀，你还说自己没什么优点，你的字写得很漂亮嘛！"

"这也算优点？"青年的眼中闪过一丝疑问，但很快，他就从对方的眼中得到了肯定的答案。

"你不应该只满足于找一份糊口的差事。"父亲的朋友语重心长地说，"既然你能把字写这么漂亮，你就能把文章写得漂亮；既然你能把文章写得漂亮，你就能写书；既然你能写书，你就能……"

第四单元　顺应历史发展趋势　树立崇高的人生理想

顺着老人的指点，青年的思路扩展了，一点点放大了自己的优点。

多年之后，这位"一无所长"的青年果然由字到文章，写出了享誉世界的经典作品。他，就是家喻户晓的法国大作家大仲马。

【启示】人生的成功在于发现并且不断放大自身的优点，并坚定自己的信念，勇敢地坚持下去，这样人生才可能无限增值；反之，则只会不断贬值。

（1）理想与信念既有区别，又有密切联系。理想是人们对未来美好目标的向往和追求；信念是人们在追求理想中所表现出来的孜孜以求、不懈奋斗的意志力。理想是信念的延伸和体现；信念是理想的基础和支撑，是理想实现的重要保障。要实现理想，就要努力追求理想，坚定自我的信念。

（2）实现理想还要有坚定的意志，坚定的意志是实现理想所必需的主观条件。人的意志力以具有明确的目的性为特征，它既能发动符合于目的的某些活动，也能制止不符合于目的的某些活动。人的意志力与克服困难紧密相连，克服困难的过程就是意志行动的过程。在追求梦想实现的过程中，总会遇到各种各样的困难，没有坚定的意志力是无法前行的。

2. 坚定理想信念、磨炼坚强意志

哲理故事

弗兰克是奥地利历史上著名的精神病学博士。身为治疗精神病的医生，弗兰克对精神的力量有独到的理解，这既源于他的知识，也源于他的经历。

第二次世界大战期间，和许多不幸的人一样，弗兰克也被关入了纳粹集中营，饱受了纳粹分子的凌辱。在那段生不如死的日子里，他几乎每天都要看着那些野兽般的人物不眨眼地屠杀妇女、儿童。空气里到处充斥着血腥之气，每个人都活得心惊胆战，不知道下一个倒下去的会不会是自己。对死亡的恐惧显然给所有人都带来了巨大的精神压力，因此集中营里每天都会有疯了的人。

丰富的知识和经验告诉弗兰克，如果控制不好，自己也将难逃精神失常的厄运。所以即便不停地产生死亡的幻觉，他依然强迫自己笑起来，强迫自己幻想正在宽敞明亮的研究室里照顾病人，或者正走在前往演讲的路上，精神饱满、斗志昂扬。在那个没有人性的魔窟中，弗兰克一直用这种方法保持着精神上的清醒。

多年后，当他被释放时，他的朋友几乎不敢相信这个精神状态极佳的人是刚刚从集中营里走出来的。这，便是心境的魔力。精神是最有力的制胜武器。从某种意义上说，人不是活在物质里，而是活在自己的精神里的。只要精神不垮，人便能击败许多厄运；一旦精神垮掉，谁都无法拯救你。

（1）坚强的意志、坚定的信念对人的成长有着重要的作用。人的生命是个神奇的旅程，过程中无法预知下一站我们将遇到什么，在充满着奇幻的旅程中我们必须有一个崇高的理想，并树立坚定的信念，拿出钢铁般的意志去实现自我的理想，这不仅是在追求和实现个体生命的价值，也是在实现对社会的贡献。这样的人生才是充实的、健康的、美丽的。

坚强的意志、坚定的信念不是与生俱来的，它是需要我们在生活中、在教育中慢慢培养的。培养坚强的意志、坚定的信念主要包括：形成科学的世界观、人生观和价值观，有明确的奋斗目标，养成积极健康、乐观向上的人格，掌握必要的知识和技能，培养高尚的道德情感，在日常生活中加强自身修养，等等。

相关链接

增强意志力的5个心理技巧

好习惯谁都想坚持，但无奈90%的人因为缺乏意志力而无法坚持。心理学家总结出的5个增强意志力妙招，不妨一试。

多考虑长期后果，不贪图短期快乐。哥伦比亚大学一项新研究发现，点香烟之前，与考虑短期快感的人相比，考虑吸烟长期危害的人更能抵挡住香烟的诱惑。耶鲁大学医学院心理学教授赫蒂表示，人们可以利用"思考未来"模式增强意志力。

转移视线。心理学家麦戈尼格尔认为，当恶习袭来时，轻握拳头能将注意力转移到握拳动作及感觉上。

确立切实可行的小目标。大量研究表明，接受较小改变（如坐直身体等）的人在自控力测试中成绩更好。目标较小，实现的可能性就较大。麦戈尼格尔认为，给自己制定短期的小目标，有助于提高意志力。

不饿肚子，不剥夺睡眠。佛罗里达州立大学研究人员发现，与吃饱肚子的人相比，由于不吃饭而导致低血糖的人，在自控力测试中得分更低。每晚睡眠不足6小时的人，也有同样的糟糕表现。

坚持3周时间。一种新习惯的养成必须通过大约21天的过渡期，这样大脑才能将新习惯视为日常活动。另外，偶尔一次未能坚持并不代表计划失败。

（2）坚定理想信念，磨炼坚强意志，要求我们青年学生做到以下两点：

一要坚持不懈地从各方面锻炼自己。青年时期是生命的黄金时期，在这宝贵的时间里，每一个人都要积极地从各方面来锻炼自己，加强自身修养，养成好的生活习惯，不断学习完善自己，积极参加体育锻炼，努力成为一个身心健康的人。

二要有恒心，从做好小事开始，逐渐培养自己的意志力。

二、实现理想务必敢于担当

1. 理想信念与责任的关系

名人名句

每个人都被生命询问，而他只有用自己的生命才能回答此问题；只有以"负责"来答复生命。因此，"能够负责"是人类存在最重要的本质。

——【英】维克多·弗兰克

（1）责任是一种能力，又远胜于能力，责任是一种精神，更是一种品格；责任就是对自己不喜欢的工作，毫无怨言地承担，并认认真真地做好。责任是使

第十二课　理想信念与意志责任

命的召唤，是能力的体现，是制度的执行。只有能够承担责任、善于承担责任、勇于承担责任的人才是可以信赖的人。决定一个人成功的重要因素不是智商、领导力、沟通技巧等，而是责任——一种努力行动、使事情的结果变得更积极的意识。

美国著名心理学博士艾尔森对世界100名各领域中杰出人士做了一项问卷调查，结果令人惊讶：61%的成功人士承认，他们所从事的职业并不是内心最喜欢的，至少不是心目中最理想的。之所以取得辉煌业绩，除了聪颖和勤奋之外，是责任感创造了奇迹。

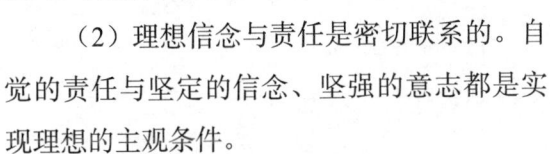

（2）理想信念与责任是密切联系的。自觉的责任与坚定的信念、坚强的意志都是实现理想的主观条件。

实现理想的三个主观因素：一要有坚定的信念；二要有坚强的意志；三要有自觉的责任。

理想、信念与责任是每一个成功者的力量源泉，是人生发展的重要条件，它们之间互相联系、密不可分。理想是人生前行的灯塔，没有理想的指引，人生将失去动力。责任是实现人生理想和事业成功的保障。

敢于承担责任，是实现理想的必要条件，是坚定信念、实现理想的动力。

小故事

为中华崛起而读书

周恩来同志是全国各族人民敬爱的总理。他一生为国为民鞠躬尽瘁，死而后已。他在青少年时代，就富有革命理想，立志为兴我中华而读书。1910年夏，12岁的周恩来，跟随伯父到东北奉天，先在铁岭银岗书院读了半年书，后来，转入奉天关东模范学堂读书。有一次，老师提出"为什么读书"的问题，要同学们回答。有的说"为了明礼而读书"，有的说"为了光宗耀祖而读书"，还有一个学生说"为了帮助父亲记账而读书",弄得哄堂大笑。当老师问到周恩来时,他站起来响亮而严肃地回答说:"为中华崛起而读书。"这充分表达了少年周恩来要为祖国独立富强而发愤学习的宏伟志向。

1912年10月,关东模范学堂隆重举行建校两周年纪念会。当时,14岁的周恩来感慨万分,挥笔写了一篇《关东模范学校第二周年纪念日感言》的作文。他在文中明确写道:"学生读书应以担负国家将来艰巨之责任为己任。"这篇优秀作文,收录在《奉天教育品展览会国文成绩》一书中。

后来,周恩来转到天津南开中学读书。他和同学们发起组织"敬业乐群会"。在会刊《敬业》上,他发表了许多诗篇和文章。其中有一首诗写道:"险夷不变应尝胆,道义争担敢息肩?"抒发了他忧国忧民和发愤图强的情怀,表达了他立志革命到底的崇高理想。1917年,19岁的周恩来为了寻求救国救民的真理,远涉重洋到日本留学。临行时赠给同学一首诗写道:"大江歌罢掉头东,邃密群科济世穷。面壁十年图破壁,难酬蹈海亦英雄。"表示他决心钻研社会科学,挽救国家的危亡,以古人那种"面壁十年"的刻苦精神,来改造当时的社会,即使壮志难酬,蹈海而死,也不愧为中华儿女,充分表现了他青年时代的远大抱负。

这才是为中华崛起而读书的典范,其实那个时代的革命者、学者恐怕都有这样的决心和历史使命感,只不过周总理这句话是少年之说,有据可查,他的一生更能印证这句话。了解这个故事除了回顾历史,更需要问问当今我们学习的目的、为了个人成就、为了家人、为了生活都没错,但是更应该有国家和民族的使命感,因为中华民族的崛起是个艰辛漫长的过程,这也许需要上百年的时间,任重而道远。

2. 勇于担当社会发展重任

(1)培养责任意识。实现国家富强、民族复兴、人民幸福的中国梦,离不开每一个人的努力,尤其是广大的青年。需要每一个青年明确自己的使命、责任,拿出实干的精神,发挥自己的创造力,为自己、为祖国的美好明天而努力奋斗。

广大的青年学子要承担起社会责任,必须加强自身的修养,勇于担当,锤炼人生。培养自己的责任心，必须从加强修养开始。

（2）加强自身修养。包括：要有明确的政治方向，热爱祖国和人民，遵纪守法，具有较高的思想道德素质，养成良好的行为习惯、生活习惯，具有健全的人格，学会尊重、学会欣赏，要增强自信心、乐观向上，培养团队互助、诚实守信、爱岗敬业、勤俭节约、艰苦奋斗的精神，学会合作与公平竞争，提高应对挫折、适应社会的能力。

时刻关心国家的发展，树立"国家兴亡，我有责任"的意识，积极参加各种实践活动，培养社会责任感，用个人的行动去为祖国的发展做贡献。

责任感的培养要从一点一滴做起，在具体活动中养成。从你的班级开始，从你的家庭开始，做一个合格的学生，做一个懂得感恩的孩子，将来成为一个合格的公民、一个优秀的职场人。

【活动建议】

1. 测试题：

测测你的意志力

（1）你能否如期完成自己制定的计划？

（2）你能否长时间地做一件枯燥的但又是重要的事情？

（3）你有没有睡懒觉的习惯？能否在寒冬也按时起床？

（4）你喜欢登山和长跑活动吗？

（5）没有做完功课，绝对不出去玩，你能做到吗？

（6）为了学习，你能否做到一个月不看电视？

（7）你敢不敢在冬天洗冷水澡？

（8）明天要交的作业，今天即使做到很晚也要做完，你做得到吗？

（9）借到一本精彩小说，上课的时候，你会不会拿出来看呢？

（10）答应别人的事情，决不食言，你做得到吗？

试试看你的Yes数量过半吗？

2. 推荐影片：《肖申克的救赎》《勇敢的心》《角斗士》《黑暗中的舞者》

| 第四单元　顺应历史发展趋势　树立崇高的人生理想 |

《放牛班的春天》《阿甘正传》等。谈谈自己的感悟。

3. 阅读并讨论"精准师——唐建平"的案例，体会职业理想与岗位责任。

"精准操作手"唐建平：中国航天科技集团公司第八研究院加工中心操作高级技师，全国劳动模范，全国"五一劳动奖章"、中华技能大奖获得者。在航天产品精密结构件加工岗位上，多年坚持不懈钻研专业理论和操作技术，擅长特殊材料的复杂零部件加工，出色完成"神舟"飞船等航天型号产品的高难度、高精度加工任务。25年来，唐建平从一个江苏常熟的庄稼汉成长为上海航天局800研究所特级技师，摸锄头的手摸起了飞船、火箭零部件，还拿下了许多个"第一"。

无数第一的背后

第一个出国进修的工人、第一个被评为高级技师、第一个以工人名字命名的班组……农民出身的唐建平，在上海航天系统创下的无数个第一背后，都凝结着他的毅力、追求和韧劲。

1979年，25岁的唐建平顶替父亲进入上海新江机器厂（现800研究所），成了一名航天工人。一开始做铣工，他就碰到了"拦路虎"——他连简单的直角三角形计算也不会。看着难懂的图纸和身边师傅娴熟的技艺，唐建平的心一阵阵发沉：会不会因为学不会、干不好而退工回家种地？正因为心中有压力，他积极报名参加每一个学习班，每天走火入魔般练习铣床的基本功。功夫不负有心人，唐建平进厂后竟连续4次获得铣工年度技术比武第一名。

钓鱼、下棋、打牌，唐建平的水平都很高，但他根本无暇玩乐，一门心思学技术。1990年，他赴英国参加数控加工中心操作培训，成为工厂内第一个操作数控机床的工人。年过四十，他仍不断"恶补"英语，如今已能看懂、简译一些进口设备的英文说明书。唐建平不善言辞，他用手将进口机床的"五脏六腑"摸得清清楚楚。一次美国进口的"卧式加工中心"液压系统出故障，唐建平同有关人员一起很快找到了问题症结。国外维修中心说修复设备需4 000美元，而且最快要3个月。他索性和同事自己动手，前后只用了一星期就使设备恢复正常，只花了100多元人民币。

一个带动一片

全国"五一劳动奖章"、中华技能大奖、上海十大杰出工人、上海十大工人发明家……一个个荣誉称号，戴在唐建平头上，也带动了一批批航天工人的成长。

上海航天局有1 300多个班组，如今都在争相成为唐建平式班组。而唐建平所在的班组，26位成员中有高级技术工人6人。为了更好地掌握进口设备性能，了解国外先进技术，班组内办起了"英语角"；为提升组员的文化素质，班组里开辟了读书柜；为鼓励组员学习创新，唐建平还从个人奖金中拿出2万元设立奖励基金，鼓励青年人提升专业技能。唐建平班组成了研究所的加工王牌，重要任务都由他们承担。"神舟"飞船的加工，推进剂储箱是一个超薄纯铝的复杂零件。经过电脑测绘，唐建平班组制成的模具曲线尺寸十分精确，在桌子大小的壳体上定位了20万个坐标点，相当于每个圆珠笔芯大小的地方都有精准的技术参数和加工方案，使我国成为世界上少数几个掌握该技术的国家。

第五单元　在社会中发展自我 积极创造人生价值

关注自我、思考人生价值、谋求发展，是当代青年走向独立人生的一个突出特点，也是当代青年开始走向成熟的一个重要标志。

每个人与社会都是不可分的，人是社会的人，社会是人的社会。每个人的人生价值的实现都离不开社会，人生价值只有在奉献社会的劳动中才能实现。那么，如何在实现中国梦的伟大实践中发展自我、创造人生价值，这就需要我们以历史唯物主义为指导，了解人的本质，理解人的价值是社会价值和自我价值的统一，明确社会进步与人的全面发展的辩证关系，实现人的全面而自由的发展。

第十三课　人的本质与利己利他

人生在世，都会遇到各种各样的利益关系，这些都不能回避利己与利他的矛盾。对利己和利他关系的解决，就是对人生发展的考验。所以，只有真正把握人的本质，正确看待和处理利己和利他的关系，才能实现人生价值，创造人生价值。

一、社会性是人的本质属性

人的本质是什么？马克思主义认为，要揭示人的本质，首先要了解人所具有的自然属性和社会属性，明确人与动物的联系及其本质区别。

1. 关于人的本质论述

（1）自然属性是人生存发展的生理基础。

人的自然属性是指人在生物学、生理学方面的特点，即人具有的类似动物的身体结构和自然本能。人的自然属性表现在：首先，人是自然界中的一个组成部分，人的生存离不开自然界；其次，人的自然属性是人类得以生存发展的生理基础，人有类似动物本能的自然欲求，如食欲、求生欲等；第三，人在自然界中生存和发展，总要受到自然规律的制约。

人类进化史

从生物学角度去看，人是动物界中的一种，准确的生物学分类为：动物界——脊椎动物门——哺乳纲——灵长目——人科——人属——人种。人类属于群居性的高级动物，所以，人具有动物属性，有取食、运动、繁衍等基本的动物需求。

第五单元　在社会中发展自我　积极创造人生价值

> **讨　论**
>
> 人的自然属性不同于动物的自然属性？

动物饿了要吃，但动物是饿了就吃，饱了就停，受本能的驱使，不顾及其他。但是，人则不同，人饿了不一定就吃。当宴请朋友的时候，饭做好了，朋友未到，主人也不会吃，要等朋友来了一块吃。人饱了也不一定就停。在朋友还没有吃饱饭的时候，主人即便吃饱了也不会停下来，要陪客人把饭吃完。这就说明，人的自然属性不同于动物的自然属性，人的自然属性不是纯粹的生物本能，而是打上社会关系烙印的自然属性。因此不能把人的自然属性当作人的本质，人的自然属性只是人生存发展的生理基础。

（2）社会属性是人的本质属性。

社会属性是指人在社会生活方面的特点，主要表现在三个方面：第一，人是社会的产物。马克思主义哲学认为，人是由动物进化而来，社会性劳动在人和人类社会的形成中起了决定性的作用，劳动创造了人本身。第二，人的生产活动具有社会性。人类为了生存和发展所从事的物质资料的生产活动，只能在一定的社会关系中进行。同时，生产活动又是随着社会的发展而发展的。因此，生产活动是社会性的活动，从事生产的人只能是处于一定社会关系中的社会的人。第三，人的生活具有社会性。人的生存不仅依赖于自然界，还依赖于社会。任何一个现实的、具体的人都处于多种多样的社会生活中，也总是在一定的社会关系中去参与社会生活。人要生存和发展，单纯依靠个人是无法满足的，必须依赖于社会。

总之，人既具有自然属性，又具有社会属性，只有社会属性揭示了人区别于动物的特殊本质，并制约着人的自然属性，因而社会属性是人的本质属性。

> **原著原文**
>
> "人的本质并不是单个人所固有的抽象物。在其现实性上，它是一切社会关系的总和。"
>
> ——马克思《关于费尔巴哈的提纲》

2. 个人与社会密不可分

个人与社会之间是辩证统一的关系。个人是社会中的人,个人的生存和发展离不开社会;社会是由个人组成的,任何社会的存在和发展都是每个人及其集体努力的结果。此外,个人活动与社会发展存在着相互影响、相互制约的关系。

(1) 个人活动对社会发展产生能动影响。

人是社会实践的主体。个人在社会实践中,总是在从事这样那样的有意识、有目的的活动,这些活动作用于社会,从而在社会历史发展的过程中留下自己的印记。在历史上,无论是杰出人物还是普通个人的实践活动,总会或多或少地、直接间接地对社会历史产生一定的影响。

不同岗位上的劳动者

社会的存在和发展是所有个人活动所形成的"合力"的结果,个人活动的总和推动着社会整体运动及其发展。

> **讨 论**
>
> "俱往矣,数风流人物,还看今朝。"这里所说的"风流人物",是指谁呢?

当然,个人活动对社会历史发展所起的作用是不一样的。当个人活动符合社会发展规律,反映了广大人民群众的根本利益时,就会对社会发展产生积极的促进或推动作用;反之,则会对社会发展产生消极的阻碍作用。个人对社会发展的作用有大小之分。由于个人的思想素质、知识结构、工作能力以及发挥主观能动性的程度等不完全一样,个人所处的家庭、学习、工作等方面的环境也不尽相同,因而个人活动对社会发展所起的作用的大小也有所区别。

（2）个人活动受到社会发展的制约。

个人活动对社会发展具有能动作用，但个人活动并不是随心所欲的，它要受到社会条件和客观规律的制约。这主要表现在两个方面：其一，受社会环境的制约。任何人都是在一定的社会环境中生存和发展的。一定的生产力状况和生产关系的性质、社会的政治制度、文化程度等，都制约着个人的活动。其二，受社会发展规律的制约。在社会历史领域，任何活动都是由人来参与的，而人的活动又有主观的动机和目的。但社会发展具有不以人的意志为转移的客观规律。人的活动只有符合社会发展的客观规律，才能达到预期的目的，否则就会遭到惩罚。

讨 论

成语"拔苗助长""杀鸡取卵""涸泽而渔"中寓含什么样的哲学道理？

总之，个人活动对社会发展能产生能动的影响，社会又制约着个人活动。个人是社会的个人，社会是由个人组成的社会。人的生存离不开社会，人的发展需要社会提供种种条件。个人与社会是密不可分的。

二、正确处理各种利益关系

利益关系是人类社会关系的基础。各种社会关系，包括人与社会之间的关系、人与人之间的关系以及人与自然之间的关系，往往都表现为一种利益关系。

1. 个人与集体的关系

个人与集体是相辅相成、密不可分的。一方面，个人依赖于集体，集体是个人生存和发展的需要。任何人都不能离群而独居，一旦脱离于集体，游离于集体之外，个人就无法生存，更谈不上发展。

另一方面，集体也离不开个人。集体的发展离不开每个成员的共同努力，一个积极向上的集体需要每个成员的共同维护，离开了成员的努力，就谈不上集体的存在和发展。

每个人既是社会的人，又具体归属于某一个集体。要兼顾个人、集体的利益，坚持以人为本，调动个人、集体的积极性；同时又要坚持集体主义的基本原则，顾全大局，反对小团体主义和极端个人主义，以广大人民群众的根本利益为出发点，把个人利益、集体利益与国家利益统一起来。

2. 公与私的关系

社会与个人的关系，从某种意义上讲，就是公与私的关系。所谓公，就是社会或社会利益；所谓私，就是个人或个人利益。公与私是对立统一的。其对立表现在，它反映了不同的利益对象及其要求。其统一表现在，对全局而言为私的利益，在一个局部就是公的利益；对局部而言为公的利益，在全局就是为私的利益。

正确对待公与私的关系，一方面要看到公与私存在的现实必然性，正视合法的私人利益，在可能的条件下，满足个人正当、合理的要求，调动每个人的积极性。另一方面，要树立社会主义的荣辱观，倡导大公无私、先人后己、公而忘私的崇高情操。在公与私利益关系发生矛盾时，要自觉地以个人利益服从公共利益，以公为重、以公为先、舍私为公。

3. 义与利的关系

所谓义，是指正义，包括道德原则、道义等；所谓的利，是指利益、金钱。义和利是辩证统一的关系。它们可以统一在公共利益上，公共利益既是利益追求，又是道德目标，在这里利益和道德得到统一。两者又有对立的一面：有的时候、有的情况下，义与利不能兼得。但是义和利并不是针锋相对、水火不容的。这就要求在实际生活中，要分清公利和私利，权衡大利和小利，树立正确的义利观。

第一，明确义与利的标准。唯物史观认为，顺应历史发展潮流，符合大多数人的利益，有利于社会发展和进步的思想和行为，就是义，否则就不是义。利有正当的利和不正当的利，通过正当途径和合法手段获得的个人利益，就是正当的利，正当的利就应该努力争取。

第五单元　在社会中发展自我　积极创造人生价值

名人名句

君子喻于义，小人喻于利。　　　　　　　　　　　　　　——孔子

第二，坚持义利统一的原则，摆正各种义利关系。我国是社会主义国家，国家、集体和个人利益在根本上是一致的，义利统一成为必然的趋势和方向。但义利之间，国家、集体、个人之间也会有矛盾，因此要坚持集体主义原则，正确处理国家、集体、个人之间的各种关系，反对把个人利益置于集体利益之上，反对把小团体利益置于国家利益之上。

4. 利己与利他的关系

所谓利己，是指人们在一定范围内维护自己的利益，其行为叫利己行为；所谓利他，是指人们在一定范围内维护他人的利益，其行为叫利他行为。利己与利他是人生中经常遇到的一对矛盾。它们既是对立的，表现为有的时候坚持"利己"就不能"利他"，或者相反；但通常情况下它们是统一的，"利己"的同时也可以"利他"。利己与利他是一个整体，是同一事物的两个方面，单方面地强调利己或利他都是片面的，都会走向极端。

每个人都是社会中的人，个人的生存和发展都离不开他人与社会，他人与社会是实现利己的重要手段，要获得人与社会的全面发展，就要坚持利己与利他的统一。

第一，关爱他人，服务社会。在现实生活中，要坚持"我为人人，人人为我"的处事原则。在一定意义上，社会是一个庞大的服务站，个人既是服务者，又是服务对象。个人在为社会、他人服务的同时，也在为自我服务。因此，首先应强调"我为人人"，大家都为社会、为他人服务，个人才能获得自身发展所需的社会环境和条件。整个社会进步了，社会就和谐了。

第二，维护个人的正当利益。对个人追求和维护正当利益应予以支持和提倡。个人对自身利益的正当追求，是个体生命得以延续的基本保证，也是人们从事一切活动的基本动力。正是人们对美好目标的不断追求，才推动着社会的发展、人类的进步。同时，当人的利益得到保障和满足时，也就为个人更好地利他提供了坚实的基础。

第三，反对损人利己。个人争取自己的利益，不得以侵占、损害他人的正当利益为手段。如果无视和损害他人的利益、社会利益，只顾追求个人利益，虽然会一时达到利己的目的，但也会使人在社会交往中失去信任，最终损人又害己。

【活动建议】

1. 阅读《盲人挑灯》并体会利己与利他的关系。

一个漆黑的夜晚，一个苦行僧走到一个荒僻的村落，他看到一盏昏黄的灯正从巷道的深处亮过来。身旁的一位村民说："孙瞎子过来了。"苦行僧百思不得其解，一个双目失明的人，挑一盏灯很可笑。于是问："敢问施主，既然你什么也看不见。那你为何挑一盏灯呢？"盲人说："现在是黑夜吗？我听说黑夜如果没有灯光的映照，那么满世界的人都和我一样是盲人，所以我就点燃了一盏灯。"僧人若有所语地说："原来你是为别人照明呀？"但那盲人却说："不，我是为我自己！""为你自己？"僧人又愣住了。盲人问僧人："你是否因为夜色漆黑而被其他行人碰撞过？我就没有。虽说我是盲人，但我挑了这盏灯，既为别人照亮了路，也让别人看到了我而不会碰撞我了。"

有的人一直认为帮助别人自己就要有所牺牲，别人得到了自己就一定会失去。其实，帮助别人就是强大自己，帮助别人就是帮助自己，别人得到的并非是你自己失去的。

2. 阅读幽默故事《Give or Take?（给或拿）》并体会付出与索取的关系。

一富翁落水，众人施救。有人将一只长棍子伸向他，让其把手伸出来抓住棍子："Give me your hand！（把手递给我！）"喊破喉咙也无效。一智者见其状，喊出了"Take my hand！（抓住我的手！）"成功救起落水者。

| 第五单元　在社会中发展自我　积极创造人生价值 |

第十四课　人生价值与劳动奉献

　　一辆"老坦克"（破旧的自行车），一个"全天候"报修箱，一副大大的黑框眼镜，一张真诚的笑脸，他几十年如一日为居民解决水电急修的困难，把温暖送到千家万户，被亲切地称为"晚上十九点钟的太阳"。他就是两次被评为全国劳动模范的徐虎，一个水电维修工。他曾说："你不奉献我不奉献，谁来奉献？你也索取我也索取，向谁索取？""辛苦我一个，方便千万家。"这些朴实的话语表达了一个普通劳动者强烈的社会责任感，同时更加实现了自己的人生价值。

一、人生真正价值在于奉献

　　人生是有价值的，人的一生，就是在奉献与索取中度过的。评价人生价值的大小，不能看他生命的长短、拥有财富的多少，主要看个人对他人、对社会作出的贡献。

1. 价值与人生价值

　　（1）人的价值关键在于能够创造价值的价值。

　　价值一般分为物的价值和人的价值。物的价值是指对人的生存和发展有积极意义的一切物质、精神财富中具有满足人的需要的有用属性。例如，粮食、牲畜等物中有满足人的基本生存需要的属性，绘画、音乐等艺术品中有满足人们的精神享受和感官愉悦的审美属性。

　　人的价值就是指作为客体的个体人生对主体即社会和他人需要的满足关系。具体地说，人的价值就是一个人在生命旅途中，通过自己的劳动创造与实践活动，满足社会和他人需要的积极属性。

第十四课　人生价值与劳动奉献

> **名人名句**
>
> 在劳动过程中，劳动不断由动的形式转为存在形式，由运动形式转为物质形式。这种转化就是劳动的对象化，就是价值的创造，也是人的价值的实现。
>
> ——马克思

人的价值和物的价值不同，最大的区别就在于物的价值是由人创造赋予的，物的价值不能自我实现。而人的价值是人自己创造的，人是一切价值的创造者，人具有一种任何事物都不具有的价值，就是创造价值的价值。人的价值关键在于能够创造价值的价值。

（2）人生价值是自我价值与社会价值的统一。

一般来说，人的价值包括两个方面：一是个人对社会的责任和贡献，二是社会对个人的尊重和对其需要的满足。前者体现了个人行为对社会和他人的意义，称为人的社会价值；后者体现了社会对个体存在和个体对自身存在的意义，称为人的自我价值。

人的社会价值和自我价值是辩证统一的。

首先，二者相互联系、密不可分。一方面，社会中的每个成员，都应为社会创造财富，实现个人的社会价值；另一方面，社会则根据每个人对社会的贡献程度，对个人需要给予相应的满足，从而实现人的自我价值。

其次，社会价值是人的根本价值，是自我价值实现的基础。没有社会价值，人的自我价值就无法存在。人总是生活在社会当中，个体无法脱离社会而存在和发展。个体的人生活动不仅要满足自我的需要，还必须满足社会的需要。一个人的需要能不能从社会中得到满足，在多大程度上得到满足，取决于对社会和他人的贡献，即人的社会价值。

2. 衡量人生价值的标准

（1）衡量人生价值的尺度与标志。

评价一个人的人生价值不是看他从社会、他人那里得到了什么，而是看他为社会、为他人尽到了什么责任，作出了什么贡献，也就是说，人生的真正价值在于对社会的贡献。因为个人对社会的责任和贡献是社会存在和发展的要求，是衡量一个人有没有价值或价值大小的基本依据，个人是通过对社会的贡献来体现自己人生意义的。

个人对社会的贡献是多方面的，但归根结底是物质贡献和精神贡献两个方面。衡量一个人的价值，既要看他在物质方面的贡献，又要看他在精神方面的贡献，如在思想道德、文化教育、科学精神等方面对社会的贡献。人们对社会的物质贡献和精神贡献，有的表现为重大的发明创造，有的表现为惊人的英雄壮举，而大量的则表现为平凡工作中的默默奉献。对青年学生来说，在实现人生价值的过程中，要特别强调热爱劳动、承担责任、勇于奉献，努力在职业岗位上踏实肯干。

名人名句

一个人的价值，应该看他贡献什么，而不应该看他取得什么。

——爱因斯坦

（2）正确对待奉献与索取的关系。

奉献是个人对社会的贡献和责任，索取是个人从社会的索要和获取。人的价值是社会价值和自我价值的统一，是创造、奉献与索取、享用的统一。奉献推动了社会的发展，为个人正当的索取打下了基础，正当的索取又会激发个人更大的积极性和创造性，为社会作出更大的贡献，二者不可分割地联系在一起。

人生的真正价值在于奉献。人的社会价值与自我价值相比较，人的社会价值是主要的、根本的。人对社会的贡献越大，他的价值就越高，人生价值与对社会的贡献成正比。作为青年人，要积极投身到各种社会实践中去，在平凡的岗位上努力工作，贡献自己的才能和力量，从而实现自己的人生价值。

二、劳动是社会财富的源泉

人生是短暂的，人生的真正价值在于对社会的贡献，贡献社会离不开劳动创造，人只有在劳动中创造财富，才能奉献社会，实现自己的人生价值。

1. 劳动创造了一切

（1）劳动是人类的本质活动。

劳动是体现人的本质力量、提升主体能力的活动。劳动是人类有目的的、创造性的活动，正是这种活动，才把人从自然界中分离出来，又把二者统一起来。人类社会是人类实践活动的产物，劳动创造了人与人类社会。劳动体现了人的一般本质，同时不断提升着人这一主体的各方面能力。

（2）劳动是创造社会财富的活动。

2013年4月28日上午习近平到全国总工会机关，同全国劳动模范代表座谈并发表重要讲话。他指出，劳动是财富的源泉，也是幸福的源泉。人世间的美好梦想，只有通过诚实劳动才能实现；发展中的各种难题，只有通过诚实劳动才能破解；生命里的一切辉煌，只有通过诚实劳动才能铸就。

劳动不仅创造了人本身，还创造了人类社会的物质财富和精神财富。纵观人类文明史，从刀耕火种的原始社会到男耕女织的农业社会，从蒸汽时代到电气时代，再到当今的信息时代，劳动一直推动着社会进步的车轮滚滚向前，一直滋养着人类的精神完美与全面发展。

在社会主义社会，劳动是创造人类美好生活、促进人的全面自由发展的重要手段。人只有在劳动中，在奉献社会的劳动实践活动中，才能自由地彰显和发挥自己的智力和体力、意志和情感，才能创造和实现自己的价值。一个人在劳动中创造的财富越多，意味着他为满足社会和人民需要所作出的贡献越大，他自身的价值就越大，他的幸福感也就越强。中职生要积极投身到为人民服务的实践中，这是实现人生价值的必由之路，也是拥有幸福人生的根本途径。

2. 劳动人民最光荣

（1）劳动是人类的第一需要。

劳动是人类最基本和最重要的社会实践，劳动创造了人与人类社会。离开劳动，社会的存在、发展和进步将成为无源之水、无本之木。

劳动创造了人和人类社会。首先，人类的劳动是从古猿的动物式的本能活动过渡而来的。古猿在直立行走的基础上，运用天然工具，通过前肢的本能式劳动，使猿手变成了人手。制造生产工具是人类劳动的标志，也是人类告别古猿的标志。其次，劳动促进了语言和意识的产生。在劳动和语言的推动下，猿脑变成了人脑，开始有了抽象思维能力，有了越来越清楚的意识，人的意识也就产生了。第三，劳动产生了人的社会关系，使猿群变成了人类社会，开始了人类的社会生活。

马克思说，劳动才是人的第一需要，任何一个民族，如果停止了劳动，不用说一年，几个星期就会灭亡。没有劳动，就没有今天人类的进步；没有劳动，就没有人类社会的发展。劳动光荣，因为劳动指引着幸福之路；劳动伟大，因为劳动开启了财富之源。要尊重和保护一切有益于人民和社会的劳动。辛勤劳动没有贵贱之分，不论是体力劳动还是脑力劳动，不论是简单劳动还是复杂劳动，一切为我们社会主义现代化建设作出贡献的劳动，都是光荣的，都应该得到承认和尊重。

（2）在诚实劳动中创造人生价值。

古今中外的经验表明，一个国家要想真正走向富强，只有依靠诚实劳动。因为，只有诚实劳动才能更多地奉献社会，才能更好地体现人生价值。诚实劳动，就是要自觉守法，不搞歪门邪道；热爱本职岗位，不见异思迁；踏实肯干，不虚荣浮躁；锐意创新，不固步自封。劳动是人类生存之本，诚实劳动是国家人民之福。一个人，只有诚实，才能赢得他人与社会的尊重；一个国家，只有当诚实劳动占据社会的绝对主流，才能生生不息，拥有繁荣发展的不竭动力。

第十四课 人生价值与劳动奉献

各行各业的劳动

【活动建议】

1. 分析社会"啃老族"现象。

俗话说,养儿防老。可是,当父母辛辛苦苦供子女念完大学,好不容易盼到子女长大,满以为可以享享清福的时候,却发现原来一切都还没结束——有一部分人,他们虽已经成年,可经济上仍然要依赖父母,社会上把这部分人叫做"啃老族"。联系本课的学习,谈谈我们该如何避免成为"啃老族"。

2. 2012年中秋、国庆双节前期,中央电视台推出了《走基层百姓心声》特别调查节目"幸福是什么?"。央视走基层的记者们分赴各地采访包括城市白领、乡村农民、科研专家、企业工人在内的几千名各行各业的工作者,"幸福"成为媒体的热门词汇。"你幸福吗?",这个简单的问句背后蕴含着一个普通中国人对于所

135

处时代的政治、经济、自然环境等方方面面的感受和体会，引发当代中国人对幸福的深入思考。请谈谈你对幸福的感受。

3．评选劳动之星、卫生之星、技能之星、文明宿舍、创新达人等。

第十五课　全面发展与个性自由

党的十八大明确把"促进人的全面发展"纳入中国特色社会主义道路的内涵，并强调"不断在实现发展成果由人民共享、促进人的全面发展上取得新的成效"。这标志着中国特色社会主义把实现人的全面发展作为终极价值追求，我们应充分利用现有的社会条件，在弘扬个性自由的同时获得全面发展。

一、努力实现人的全面发展

社会是由个人组成的，人是社会的主体，社会进步是靠人的实践活动来推动的。个人不但是社会进步和发展的参与者，而且是社会进步和发展的受益者。作为劳动者的人是社会生产力发展因素中起核心作用的因素，因此，人的素质的高低、个人发展程度如何将直接影响到创造社会财富的多寡，决定着社会进步的程度。

第十五课　全面发展与个性自由

1. 关于全面发展的论述

（1）人的全面发展学说。

人的全面发展是指人的劳动能力的全面发展，即人的智力和体力的充分、统一的发展，同时也包括人的才能、志趣和道德品质等多方面的发展。我们可以从以下几点来理解人的全面发展的含义：

第一，"人的全面发展"首先是指人的"完整发展"，即人的各种最基本或最基础的素质必须得到完整的发展。

原著原文

> 我国现阶段的教育方针是："教育必须为社会主义现代化建设服务，必须与生产劳动相结合，培养德、智、体等方面全面发展的社会主义事业的建设者和接班人。"
>
> ——《中华人民共和国教育法》第5条

第二，"人的全面发展"同时也指人的"和谐发展"，即人的各种基本素质必须获得协调的发展，各方面发展不能失调，否则就是畸形发展。

第三，"人的全面发展"还指人的"多方面发展"，即人的各种基本素质中的各素质要素和具体能力在主客观条件允许的范围内应力求尽可能多方面地发展。

第四，"人的全面发展"还意味着人的"自由发展"，即人自主的、具有独特性和富有个性的发展。

讨　论

"全面发展"就是无一缺陷、无一短处吗？

在人的发展中，马克思主义哲学最突出强调的是"全面发展"。一般来说，人只有在自由发展和充分发展的基础上才能实现全面发展。

相关链接

马克思把人的发展过程划分为三个阶段。

一是前资本主义社会形态下的"人的依赖关系"阶段。这一阶段生产力水平低下，人与人的交往服从于血缘、族缘或专制权力，缺少人与人之间丰富的社会关系，人没有自我独立的存在。

二是资本主义社会形态下的"以物的依赖性为基础的人的独立性"阶段。这一阶段，资产阶级把人从神和专制制度的奴役下解放出来，但却又陷入了对商品、货币的依赖关系之中。

三是共产主义社会形态下的自由个性发展阶段。这一阶段人们共同地占有他们的生产能力，结成"自由人联合体"，使个人摆脱了对人和物的依赖关系，成为自由而全面发展的人。

——《马克思恩格斯选集》第一卷，人民出版社，1995年

（2）社会全面发展观点。

社会的全面发展与人的全面发展是辩证统一的。第一，社会的发展依赖于人的发展，包含着人的发展，并为人的进一步发展创造条件、开辟新的可能。第二，人的发展同样依赖于社会的发展，又不断对社会发展提出更高的要求，以更强的主体能力和主体实践推动社会进步。因此，只有人的全面发展才能表明社会的全面发展，实现人的全面发展是社会发展追求的终极目标和最高原则。

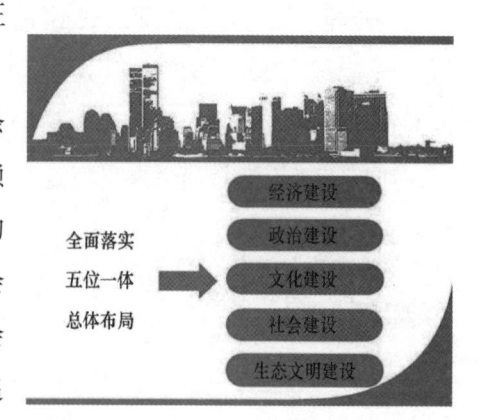

2. 做全面发展的社会人

（1）实现全面发展的主客观条件。

实现人的全面发展离不开主客观条件。

第一，人的全面发展需要高度发达的社会生产力和它所创造的社会物质条件为

第十五课　全面发展与个性自由

基础。离开生产力的发展讲人的全面发展，是不切实际的。但生产力的高度发展并不直接等于人的全面发展。如果仅以经济增量为目标，为生产而生产，就会牺牲人的全面发展，造成各种危害，使发展不可持续。

第二，人的全面发展的实现，离不开一定的社会关系，需要有和谐的生活环境。人只有在相互学习、相互交流中才能不断完善自己、发展自己。人的才能的发挥离不开他人，离不开社会和集体。

第三，个人的身心和谐、协调发展既是人的全面发展的内在条件，也是人的全面发展的先决条件。人的全面发展意味着人的个性的丰富性和能力的多样性，它使人在复杂多变的社会生活中能够应对自如，显示出更强的主动性和创造力。

我国已经进入全面建设小康社会的阶段，随着经济、社会、文化和生态的全面发展，已经给人的全面发展提供了越来越多的基础和条件。社会的发展要求人的全面发展，要求人的素质全面提高。全面发展就要全面发展自己的体力和智力、潜在能力和现实能力，使自己的先天能力和后天能力都得到发展，使自己成为德能兼备的全面发展的人。

"十九大"提出的"新时代坚持和发展中国特色社会主义的14条基本方略"

第五单元　在社会中发展自我　积极创造人生价值

（2）自然人向社会职业人的转变。

随着科技和经济的发展，单纯的技能型人才已越来越不能适应社会需要，各行各业对从业人员道德素养的要求也在显著提高，中职生要树立全面发展的意识，为全面发展打下坚实的基础，为成为德能兼备的全面发展的现代职业人做好准备。

首先，要加强道德修养，提高道德素质。全面发展是指在"德智体美劳"方面的全面发展，仅仅只有一技之长。缺乏全面发展的意识和基础，不仅不会实现人的真正发展，相反还会走上人生的歧途。

其次，要加强专业技能学习，提高动手能力。中职生除了加强道德修养、提高素质、学习文化理论知识、拥有健康人格之外，还要掌握优秀的专业技能和素质。提高专业技能水平，既是个人全面发展的需要，也是社会全面发展的需要。

再次，要提高科学文化素质。科学文化素质，是人在处理与自然和社会的关系中应该具备的知识、精神要素（价值观念）和实践能力，它与思想道德素质、健康素质一起，构成民族的整体素质，它应当包括受教育程度、科学精神、科学水平、精神状态、文化修养、创新意识和创新能力等多方面的因素。科学文化素质是实现全面发展的基础。科学文化素质较高的人，有较强的发展后劲和可持续发展能力。而科学文化素质低的人，眼界会比较狭隘，自我发展的能力就会受到限制，在人生发展中难免出现错误。

作为中职生，我们即将走上社会，而高素质劳动者和技能人才越来越受到社会的青睐。我们只有通过不断提高自身思想道德素质、科学文化素质和专业技能水平，才能在学习、创新、实践中成为全面发展的职业人。

技能大赛（一）

第十五课　全面发展与个性自由

技能大赛（二）

二、不断解放人的个性自由

1. 关于人的个性自由的论述

人的个性自由是指个人的能力和潜能，按照个人意愿得到自由而充分的发挥和发展。这种自由而充分的发展意味着人的个性的丰富性和能力的多样性，意味着显示出更强的主动精神和创造力。

（1）个性自由是具体的。

人的自由总是在一定的基础上和一定的条件下的自由，它的形成与个人所在的社会环境的改变相一致，其发展的程度也与社会的发展程度相一致。

（2）个性自由是相对的。

人的个性自由是相对的。要正确理解和对待个性自由与社会约束的关系。自由是相对约束而言的，完全摆脱约束、不受任何限制的绝对自由是不可能存在的。自由总是相对的、有条件的，它并不意味着为所欲为、随心所欲。人的自由是在遵守纪律、道德、法律的前提下的自由。一方面，任何个人的个性自由应得到社会和他人的尊重，每个人应该创造必要的条件，尽可能把自己的特长和优势在社会生活中发挥出来，从而为社会发展作出更大的贡献，最大限度地创造出自己的人生价值；另一方面，任何人的自由都不能妨碍影响别人的自由，任何个人的自由都必须以保证集体、社会稳定和发展为前提。

141

第五单元 在社会中发展自我 积极创造人生价值

> **名人名句**
>
> 个人的自由，以不侵犯他人的自由为自由。　　　　　　　　——穆勒

在现实生活中，个人要处理好个性自由与社会约束的关系。其中，法律的规范与约束，实际上是在促进人的社会化进程。法律约束的严明将磨砺一个人的思想，法律约束的存在则更能彰显一个人的个性。人们的行为应以不扰乱法律规定的公共秩序为底线。

（3）全面发展与个性自由的关系。

全面发展主要是就发展的完整性、统一性与和谐性而言的，个性自由主要是就发展的自主性、独特性和个别性而言的。

人的全面发展和个性自由是辩证统一的，而不是相互排斥、相互对立的。首先，个性自由是在全面发展的基础上有选择的发展，如果脱离了全面发展的指引，盲目地追求个性的发展，则个性自由就容易导向片面的发展，甚至走向畸形的发展。其次，全面发展的核心是个性自由，如果离开了个性自由，全面发展就成了无源之水、无本之木，最终也无法实现。最后，个性自由与全面发展是人的个性与共性、特殊性与一般性的统一，彼此相互制约、协同发展，所以人的全面发展不会影响和阻碍个性自由，也不存在相互对立的关系。

2. 在职业活动中追求个性自由

（1）从必然到自由。

必然是指事物的客观规律，即事物内在的、本质的联系和趋势。自由是指人类根据对于事物规律的认识来行动并达到自己预设的目的。

自由与必然是相互依存、相互转化的。自由并不排斥必然，相反，自由立足于必然，以承认必然为前提，以认识和把握必然为内容和目的；必然也不敌视自由，对必然进行认识和把握就可以获得自由。人的解放，就是人不断地在实践中由必然王国迈向自由王国，从而实现全面而自由的发展。

| 第十五课　全面发展与个性自由 |

必然—认识—改造—自由

（2）中职生的追求。

人全面而自由发展的实现，要求个人既利用社会提供的有利条件，又从自身的实际情况出发，立足自身、社会实际，充分发挥主观能动性。

第一，提高自身的素质。个人的自我完善是实现全面而自由发展的重要途径和前提，个人只有自我关注、肯定、关照和完善，把"全面地发展自己的一切能力"作为自己的职责、使命和任务。不断提高自己的思想道德素质和科学文化素质，使自己的德与智、知识与能力、生理与心理得到全面协调的发展。

第二，努力发展自己的个性。人的个性自由发展就是要解放人，让人独立出来，不要成为物或制度，更不是其他附属物，而是完全独立的个体。作为个人，就应该努力发展自己的体力、智力、才能、兴趣、品质等，以促进个人的全面发展。

第三，处理好个人与自然的矛盾，做到与自然和谐相处。个人全面而自由发展和与自然和谐相处本质上是同一的。个人只有充分发挥主观能动性，正确认识自然、改造自然，把眼前利益与长远利益结合起来，做到个人与自然的和谐相处，这样个人发展才有后劲，使得个人全面而自由地发展。

第四，积极参与社会实践、社会交往活动。社会实践、社会交往等社会活动使个人学习并运用知识、磨炼意志、强健体魄、培养能力，形成健康心理，使个人完善自身、发展自身，必将促使个人全面而自由地发展。

几千年来，人类一直在探索人生奥秘的旅途上不停地跋涉，在不断地思考着人在宇宙中的位置、个人与社会、人的需要、人的本质、人生理想、人生信仰、人生价值、人生责任、人生态度、人生命运、人生归宿、人生境界和个性完善问题。人生有许多问题，必须面对；人生有许多矛盾，必须解决；人生有着美好的未来，必须创造。创造并享受美好的人生，是人们的最终追求。你想拥有美好的人生吗？去创造吧！

【活动建议】

1. 阅读并讨论《断了线的风筝——谈约束和自由》。

在一个有风的春日，我看到一群年轻人正在迎风放风筝玩乐，各种颜色、各种形状和大小的风筝就好像美丽的鸟儿在空中飞舞。

当强风把风筝吹起，牵引线就能够控制它们。风筝迎风飘向更高的地方，而不是随风而去。它们摇摆着、拉扯着，但牵引线以及笨重的尾巴使它们处于控制之中，并且迎风而上。它们挣扎着、抖动着想要挣脱线的束缚，仿佛在说："放开我！放开我！我想要自由！"即使与牵引线奋争着，它们依然在优美地飞翔。终于，一只风筝成功挣脱了。"终于自由了，"它好像在说，"终于可以随风自由飞翔了！"

然而，脱离束缚的自由使它完全处于无情微风的摆布下。它毫无风度地震颤着向地面坠落，落在一堆乱草之中，线缠绕在一颗死灌木上。"终于自由"使它自由到无力地躺在尘土中，无助地任风沿着地面将其吹走，碰到第一个障碍物便毫无生命地滞留在那里了。

有时我们真像这风筝啊！上苍赋予我们困境和约束，赋予我们成长和增强实力所要遵从的规则。约束是逆风的必要匹配物。我们中有些人是如此强硬地抵制规则，以至我们从来无法飞到本来能够达到的高度。我们只遵从部分戒律，因此永远不会飞得足够高，使尾巴远离地面。

让我们每个人都飞到高处吧，并且认识到这一点：有些可能会令我们生气的约束，实际上是帮助我们攀升和实现愿望的平衡力。

2．辩论：德与才、品德与技能孰重孰轻。

参考文献

[1] 王霁. 哲学与人生（修订版）[M]. 北京：高等教育出版社，2013.

[2] 张伟，邹本杰. 哲学与人生(修订版)配套学习指导用书[M]. 北京：高等教育出版社，2013.

[3] 李秀林，王于，李淮春. 辩证唯物主义与历史唯物主义原理（第五版）[M]. 北京：中国人民大学出版社，2004.

[4] 冯卓然，王树萌. 政治（全国各类成人高考复习考试辅导教材）[M]. 北京：高等教育出版社，2013.

[5] 人民教育出版社. 生活与哲学（新版高中政治必修4）[M]. 北京：人民教育出版社，2015.